ÜBER DEN AUTOR

ROBERT THOMAS machte seine ersten Versuche mit Hammer und Amboss 2009 in seiner ersten Garagenwerkstatt. Dann besuchte er das *Hereford College of Arts* im englischen Hereford, wo er im Kunstschmiedeprogramm bei Meistern ihres Fachs lernte. Zudem hat er bei bekannten Künstlern in England, Frankreich, Schweden, der Tschechischen Republik, der Ukraine, in Israel und in den USA gelernt. Robert und sein Team haben verschiedene Preise im Schmieden und Schmiededesign gewonnen, darunter:

2012: 1. Platz, Ausstellung der Eisenarbeiten; *Ivano-Frankivsk International Blacksmith Festival* (Sviato Kovaliv) (Schmiedefestival in Iwano-Frankiwsk), Ukraine

2012: 1. Platz, Team-Schmiedewettbewerb; *Ivano-Frankivsk International Blacksmith Festival,* Ukraine

2012: 2. Platz, *Royal Three Counties Show,* Malvern, England

2012: Mitglied des Vorführ-Teams am *Hefaiston* – einem internationalen Treffen der Kunstschmiede auf Burg Helfštýn, Tschechische Republik

2016: Silbermedaille, Türen und Tore; *The NOMMA Ernest Wiemann Top Job Contest,* Plano, Texas, USA

Im Jahr 2013 zog Robert nach Charleston, South Carolina, gründete *Robert Thomas Iron Design,* und erwarb sich in der Region bald einen guten Ruf für seine feinen Gebrauchs- und künstlerischen Schmiedearbeiten. Heute stellt RTID einzigartige und komplexe Schmiedeprojekte für Klienten aus dem gesamten Land her.

Robert lebt mit seiner Frau etwas außerhalb des Zentrums von Charleston und verbringt die meiste Zeit damit, mit seiner Tochter Rhett und mit Izzy, seinem Goldador-Welpen, zu spielen.

ROBERT THOMAS

SCHMIEDEN

TECHNIKEN, WERKZEUGE, PROJEKTE

Haupt
GESTALTEN

INFORMATIONEN ZUR TERMINOLOGIE, ZU DEN MAẞEN UND ZUR ARBEITSSICHERHEIT

Eine Anmerkung zur deutschsprachigen Ausgabe:
In der Welt des Schmiedens finden sich im Deutschen zahlreiche **unterschiedliche Bezeichnungen** für die benötigten Werkzeuge. Diese Namen können regional stark variieren. Im Rahmen dieses Buches konnten wir nicht alle im deutschen Sprachraum vorkommenden Bezeichnungen aufführen. Wenn Sie ein Werkzeug nicht finden können, erkundigen Sie sich am Besten im Fachhandel oder bei einem Schmied in Ihrer Nähe.

Die Originalausgabe dieses Buches ist in den USA erschienen, wo das übliche Längenmaß **Zoll** ist. Da in diesem Buch die Zoll-Angaben in Millimeter umgerechnet wurden, ergeben sich manchmal ungewohnte Längeneinheiten. Um zu gewährleisten, dass alle Projekte problemlos umgesetzt werden können, wurden die Maße jedoch so genau wie möglich beibehalten.

Schmieden kann sehr gefährlich sein. Lässt man die **Arbeitssicherheit** außer Acht, kann es zu schweren Verletzungen oder sogar zum Tod kommen. Dieses Buch liefert zwar nützliche Hinweise zur Arbeitssicherheit, kann aber nicht alle Arbeitssituationen oder die Beschaffenheit Ihrer Materialien und Werkzeuge voraussehen. Gehen Sie zu Ihrer eigenen Sicherheit immer achtsam und mit Bedacht vor und lassen Sie bei allen beschriebenen Schritten den gesunden Menschenverstand walten. Überschätzen Sie Ihre Fähigkeiten nicht und beachten Sie immer die Anleitung und die Sicherheitsmaßnahmen für alle gezeigten Schritte, Werkzeuge und Materialien. Der Verlag übernimmt keine Verantwortung für Sachschäden oder Verletzungen, die aus der falschen Anwendung der hier gebotenen Informationen entstehen.

Die englischsprachige Originalausgabe erschien 2018 unter dem Titel *The Art & Craft of the Blacksmith – Techniques and Inspiration for the Modern Smith* bei Quarry Books, einem Imprint der Quarto Publishing Group.

Konzept, Gestaltung und Produktion:
Quarry Books, an imprint of the Quarto Group
100 Cummings Center / Suite 265-D
Beverley MA 01915
USA
QuartoKnows.com

Design: Paul Burgess, Burge Agency
Fotos: Sully Sullivan Photography, www.ohsully.com, mit Ausnahmen der Seiten 5, 9, 28, 29, 34, 35, 47, 74, 75, 76, 80, 86, 87, 88, 89, 90, 91, 139, 145 (Aufnahmen mit freundlicher Genehmigung der jeweiligen Schmiede) und 25, 26, 27 (Shutterstock)

Aus dem Englischen übersetzt von Brigitte Rüßmann & Wolfgang Beuchelt, Scriptorium, D-Köln
Lektorat der deutschsprachigen Ausgabe: Uta Koßmagk, D-Wiesbaden
Umschlag und Satz der deutschsprachigen Ausgabe: Die Werkstatt Medien-Produktion GmbH, D-Göttingen
Fachliche Beratung der Übersetzer: Volker Kleinz, Eisenzeit Köln www.eisenzeit-koeln.de

MIX Papier aus verantwortungsvollen Quellen FSC www.fsc.org FSC® C104723
Swiss Climate CO_2 neutral Transport

Printed in China
Um lange Transportwege zu vermeiden, hätten wir dieses Buch gerne in Europa gedruckt. Bei Lizenzausgaben wie diesem Buch entscheidet jedoch der Originalverlag über den Druckort. Der Haupt Verlag kompensiert mit einem freiwilligen Beitrag zum Klimaschutz die durch den Transport verursachten CO_2-Emissionen und verwendet Papier aus nachhaltigen Quellen.

Bibliografische Information der Deutschen Nationalbibliothek
Die Deutsche Nationalbibliothek verzeichnet diese Publikation in der Deutschen Nationalbibliografie; detaillierte bibliografische Daten sind im Internet über http://dnb.dnb.de abrufbar.

ISBN 978-3-258-60202-8

Der Haupt Verlag wird vom Bundesamt für Kultur mit einem Strukturbeitrag für die Jahre 2016–2020 unterstützt.

FÜR MEINE ELTERN, BOB UND ANGELA THOMAS. MOM, DANKE DIR, DASS DU MIR BEIGEBRACHT HAST, ZU ZEICHNEN UND DIE WELT MIT DEN AUGEN EINES KÜNSTLERS ZU SEHEN. DAD, DANKE DIR, DASS DU MIR BEIGEBRACHT HAST, MIT MEINEN HÄNDEN ZU ARBEITEN UND WIE EIN INGENIEUR ZU DENKEN.

INHALT

VORWORT 6

MEIN ZIEL 8

TEIL I

EISEN 10

WAS IST METALL? 12

DIE URSPRÜNGE DES EISENS 13

EISENARTEN 15

Roheisen, Schmiedeeisen, Gusseisen und Stahl 17

WAS IST SCHMIEDEN? 18

Schmieden vs. Metallbau 20

DIE ROLLE DES SCHMIEDS 23

DIE KUNSTGESCHICHTE DES EISENS 24

Barock und Rokoko 24

Revolutionen 26

Konterrevolutionen 27

Niedergang und Wiedergeburt 28

TEIL II

TECHNIKEN UND WERKZEUGE 30

HANDGESCHMIEDETE ÄSTHETIK 32

SCHMIEDEKUNST 34

SICHERHEIT 37

DIE SCHMIEDE-WERKSTATT 38

DAS WERKZEUG 40

Amboss 42

Maschinenhämmer 44

Esse 46

Hydraulische und mechanische Pressen 47

Hämmer 48

Zangen 50

Durchschlag 51

Dorn 52

Meißel 53

Setzhammer 54

Schlichthammer 55

Kehlhämmer und -gesenke 56

Andere Maschinen und Ausrüstungsgegenstände 57

TECHNIKEN 66
Planung 67
Freiformschmieden 68
Freihandformen 69
Arbeit am Maschinenhammer 70
Lochen 72
Aufdornen 73
Kehlen, Strecken und Absetzen 74
Verjüngen und Herunterschmieden 75
Stauchen 76
Verzapfen 77
Treiben 78
Repoussé-Technik 79
Nieten 80
Feuerschweißen 81
Oberflächenbehandlung 82
Wärmebehandlung 83

TEIL III
DESIGN 84
DESIGN-PRINZIPIEN 86
Symmetrie, Asymmetrie und Balance 86
Wiederholung 87
Symbolik 88
Maßstab, Übertreibung und angedeutete Bewegung 89
Entwürfe 90

TEIL IV
PROJEKTE 92
WERKZEUGE 94
Zange mit seitlichem Maul 94
Ambossgabel 98
Durchschlag 102
Meißel 104
Dorn 106
Hammer 108
Kugelhammer 111
Kehlhammer und -schrot 114
Doppelter Dickzirkel 117
Schmiedewinkel 120
Werkzeugständer 123
ALLTAGS-GEGENSTÄNDE 130
Buchstützen 130
Untersetzer 133
Türgriff 136
Kaminbesteck 138
Flaschenöffner 144
Beistelltisch 147
FALLSTUDIE 150
Gartentor 150

DANK 158
ÜBER DEN AUTOR 158
REGISTER 159
BEZUGSQUELLEN UND WEITERE TIPPS 160

STEEL CAN TAKE ON NO OTHER FORM THAN ITS CURRENT ONE FOR THE PERSON WHO CANNOT WORK WITH IT. BUT ANY FORM IS ITS CURRENT ONE FOR THE MACHINIST OR BLACKSMITH.

„Für jemanden, der es nicht bearbeiten kann, kann Stahl keine andere Form annehmen, als die, die es hat. Aber für den Schlosser oder Schmied ist jede Form die aktuelle Form."
aus Robert M. Pirsig, *Zen and the Art of Motorcycle Maintenance*

Dürfen wir vorstellen? Das Team von Robert Thomas Iron Design. Von links nach rechts: Tyler Bickerstaff, J. Powers Shepard, Matt Garton und Robert Thomas.

VORWORT

EINES DER DINGE, DIE ICH AM SCHMIEDEN SO LIEBE, IST DER GEMEINSCHAFTSSINN, DER DURCH DIE VERSCHIEDENEN NATIONALEN WIE INTERNATIONALEN SCHMIEDEORGANISATIONEN UND -VERBÄNDE GEPFLEGT WIRD. VIELE VON IHNEN RICHTEN GROẞE FESTIVALS UND WETTBEWERBE IN GANZ NORDAMERIKA UND EUROPA AUS. AUF DIESEN VERANSTALTUNGEN ENTSTEHEN FREUNDSCHAFTEN UND WERDEN TECHNIKEN WEITERGEGEBEN, WAS UNWEIGERLICH AUCH ZU INNOVATIONEN FÜHRT. ABER SIE SIND NATÜRLICH AUCH EIN GUTER ORT ZUM FEIERN.

Eines dieser Festivals, das Hefaiston in der Tschechischen Republik, ist ein Treffen der Kunstschmiede aus aller Welt mit offenem Forum, Wettbewerb und Präsentation der besten Arbeiten. Als ich es zum ersten Mal besuchte, landete ich nach einem Wettbewerbstag in einer Kneipe voller Schmiede, die von ihrer Arbeit erzählten. Nach einer langen Diskussion über das Für und Wider einer Schmiedeausbildung lehnte sich ein Schmied aus Schweden über den Tisch und fragte: „Was ist der Unterschied zwischen Schmieden und Heroin?“

Ich sah von meinem riesigen Glas Pilsener auf und antwortete: „Keine Ahnung.“

„Von Heroin kann man loskommen!“, sagte er mit einem breiten Grinsen im Gesicht.

Ich war noch nicht so lange Schmied, aber ich wusste, dass er recht hatte. Das war mir klar geworden, als ich Jahre zuvor zum ersten Mal auf ein heißes Stück Stahl schlug. Als ich zum ersten Mal eine 1093 °C heiße Stange aus dem Feuer zog und sah, wie sie sich unter dem Hammer wie Ton formen ließ, wusste ich, ich würde nie mehr damit aufhören können.

Bis dahin hatte sich alles, jeder Job, jeder Beruf, den ich ausprobiert hatte, wie eine Übergangslösung angefühlt – ganz okay, bis ich etwas Spannenderes entdeckte. Aber in der Sekunde, als ich mein erstes Stück heißen Stahls schmiedete, wusste ich, was ich für den Rest meines Lebens tun wollte. Ich hatte keine Ahnung, wie ich daraus eine Karriere basteln sollte oder was ich produzieren wollte – das kam erst später. Ich wusste nur, ich wollte schmieden.

In Gesprächen mit anderen Schmieden stellte ich über die Jahre fest, dass es nicht nur mir so ging. Viele große Schmiede aus aller Welt haben etwas ganz anderes gemacht, bis sie zum ersten Mal schmiedeten, und von dem Moment an war alles anders. Das Schmieden lässt einen nicht mehr los und wird zum Teil der eigenen Persönlichkeit.

Bereits seit Tausenden von Jahren bearbeiten Schmiede Metall und es ist noch lange nicht alles geschmiedet. Deshalb finde ich das Handwerk so inspirierend. Ich weiß, ich werde es nie völlig beherrschen. Das ist einfach nicht möglich. Sobald ich eine Richtung erkunde, stelle ich fest, was es sonst noch alles zu lernen gibt. Deshalb wird es auch nie langweilig oder eintönig. Es wird immer eine bestimmte Ästhetik geben, die ich erzielen, eine Technik, die ich perfektionieren oder ein Ziel, das ich erreichen möchte. Ich werde ewig ein Lernender bleiben.

Es geht mir nicht darum, Meisterschaft zu erreichen – sondern darum, sie anzustreben.

Nur wenige Wochen, nachdem ich das erste Mal geschmiedet hatte, saß ich in einem Flugzeug nach England, um mich am Hereford College of Arts für das Kunstschmiedeprogramm einzuschreiben. In Hereford lernte ich dann, mit Amboss und Skizzenblock umzugehen und meinen eigenen Stil zu entwickeln. Danach lernte ich in großen Werkstätten, diesen Stil in konkrete Arbeiten umzusetzen.

Mein Weg als Schmied ist bis heute spannend und ich darf wunderbare Schmiede aus aller Welt kennenlernen und mit ihnen arbeiten. Einige konnte ich sogar überreden, mit mir zusammenzuarbeiten. Ich hatte viel Glück und heute habe ich ein gut ausgestattetes Schmiede-Studio und ein großartiges Team, mit dem ich jeden Tag arbeiten darf. Meine Arbeit entwickelt sich stetig weiter und ist Ausdruck meiner Identität als Künstler, aber es ist das Team von Robert Thomas Iron Design (RTID), das es mir ermöglicht, mich so auszudrücken. Ich sehe mich kaum als individueller Künstler, da fast alles, was ich kreiere, eine Gemeinschaftsleistung von Tyler Bickerstaff, Matt Garton, J. Powers Shepard und mir selbst ist, eben dem RTID-Team. Maschinelle Schmiedehämmer und Hydraulikpressen sind großartig, aber kein Werkzeug kann den Rückhalt und die Begeisterung eines Schmiedekollegen ersetzen.

Häufig werde ich gefragt, ob es immer noch so aufregend ist – das Feuer, den Hammer schwingen und sich dreckig machen. Kurz gesagt: Ja! Egal, was sonst noch ansteht, ob Kundenbesuche oder Designarbeit, wenn ich endlich ans Feuer trete und sehe, wie das Material sich staucht, verformt und streckt, fällt alles andere von mir ab – es gibt nur noch mich, das Feuer und den Stahl. Ich bin dann wie ein Kind im Sandkasten.

Die Leute fragen mich: „Ist das nicht eine harte Arbeit?“ Schon.

„Ist es nicht heiß?“ Klar.

„Verbrennst du dich nicht?“ Aber sicher.

„Gibt es nicht einfachere Arten, Geld zu verdienen?“ Ganz bestimmt!

Aber sie fragen selten: „Warum machst du das?“ Stattdessen höre ich so etwas wie: „Das muss der coolste Job sein! Ich wünschte, ich könnte das auch.“

Dazu sage ich dann: „Das kannst du doch.“ Schmied kann man mit jeglichem Hintergrund werden. Man muss nur den Hammer in die Hand nehmen und gewillt sein, die nötige Zeit zu investieren, um es zu lernen.

MEIN ZIEL

Ich möchte mit diesem Buch allen Hobbyhandwerkern, die möglicherweise schon einmal ins Schmieden hineingeschnuppert und ein paar Grundtechniken ausprobiert haben, eine solide Grundlage bieten. Wir betrachten Stahl als Werkzeug und Arbeitsmedium und gehen näher auf die Themen ein, die wichtig für ein tieferes Verständnis für das Handwerk sind. Wir werden grundlegende, mittlere und fortgeschrittene Techniken besprechen und dann Projekte zu ihrer Einübung erstellen.

Ziel dieses Buches ist es, die Kunst des Schmiedens in einem modernen und professionellen Kontext vorzustellen, das Schmieden so zu präsentieren, dass der Leser einen Einblick erhält, wie man durch Schmiedetechniken zur Welt des zeitgenössischen Designs beitragen und große und kleine funktionale Kunstwerke erstellen kann, die Ausdruck von Design und Handwerkskunst zugleich sind.

Hier ein riesiges Treppengeländer, das wir für einen Firmenkunden geschmiedet haben. Der Architekt kam mit der Idee zu uns und wir arbeiteten gemeinsam daran, möglichst viel Schmiedearbeiten in das Projekt aus vier Treppenläufen und mehreren komplexen Übergängen einzubringen.

TEIL I: EISEN

Schmieden verändert die Form heißen Stahls durch lokal angewendeten Kompressionsdruck – in diesem Fall mit unserem 100-kg-Bêché-Lufthammer.

WAS IST METALL?

Zwei Stangen, bereit zum Feuerschweißen – der Vorgang, mit dem man Eisen oder Stahl verband, bevor das elektrische Schweißen erfunden wurde.

DIE MENSCHEN ERKANNTEN, DASS KUPFER WEICH WURDE UND MAN ES MIT HAMMER UND MEIßEL BEARBEITEN KONNTE, WENN MAN ES ZUVOR IM TÖPFEROFEN ERHITZTE. ES LÄSST SICH KAUM GENUG BETONEN, WIE REVOLUTIONÄR DIESE ENTDECKUNG WAR.

METALL MACHT UNS ZU MENSCHEN.

Als der Mensch noch wenig über die Welt wusste, war die Unterscheidung zwischen Mensch und Tier einfach. Es gab körperliche Unterschiede: Menschen standen aufrecht und gingen auf zwei Beinen.

Menschen verfügten über Sprache. Sie empfanden komplexe Gefühle, konnten sie ausdrücken und mit anderen teilen.

Menschen waren kunstfertig. Sie konnten Werkzeuge für bestimmte Aufgaben herstellen und mit der Zeit verfeinern. Sie konnten ihre Umgebung ansprechend schmücken.

Menschen hatten Kultur. Sie konnten gemeinsame Werte, Identität und Ziele entwickeln. Sie schmiedeten enge Familienbande und lockerere Verbindungen wie Gemeinde und Staat. Diese wurden über Symbole, Zeremonien, Nahrung und Festtage sowie religiöse und weltliche Institutionen gefestigt. Gruppen von Menschen bekriegten andere Gruppen oder schlossen Frieden mit ihnen. Es waren solche Eigenschaften, mit denen Generationen von Denkern den Menschen über alle anderen Tiere erhoben. Inzwischen hat man aber praktisch all diese Eigenschaften auch bei Tieren festgestellt.

So fanden Forscher in Russland heraus, dass Delfine sowohl über Grammatik als auch Syntax verfügen – die grundlegenden Bestandteile von Sprache. Schimpansen und Bonobos in Afrika verwenden nicht nur Werkzeuge, sondern bringen auch ihren Kindern den Umgang mit ihnen bei. Laubenvögel schmücken ihre Nester. Ameisen und Bienen bekriegen sich. Was also macht den Menschen einzigartig?

Für mich ist es das Metall.

DIE URSPRÜNGE DES EISENS

Wir Menschen existieren seit Hunderttausenden von Jahren und schon sehr früh wurden wir zu einer außergewöhnlich intelligenten und erfolgreichen Spezies. Wir bauten einfache Werkzeuge, jagten und sammelten gemeinsam Nahrung. Wir schmückten Höhlenwände mit Gemälden. Wir sangen vermutlich auch Lieder und erzählten uns Geschichten. Aber das lässt sich kaum belegen.

All das änderte sich vor rund 7500 Jahren mit der Kupfersteinzeit. An verschiedenen Orten der Erde – in den Bergen Serbiens, im Fruchtbaren Halbmond im Irak, in Anatolien in der Türkei und andernorts – erkannten Menschen, dass das natürlich vorkommende Kupfer weich wurde und sich mit Hammer und Meißel bearbeiten ließ, wenn man es zuvor im Töpferofen erhitzte.

Kupfer ist schmiedefähig, aber bei anderen Temperaturen als Stahl. Die meisten Formen, die aus Stahl formbar sind, kann man auch aus Kupfer schmieden.

Es lässt sich kaum genug betonen, wie revolutionär diese Entdeckung war. Kupfer war ein schönes und geschmeidiges Metall, dass sich zu allerfeinstem Draht und papierdünnen Blechen formen ließ. Ein kupferner Keulenkopf zerbarst nicht wie einer aus Stein. Ein Kupferkrug zerbrach nicht wie ein getöpferter. Man konnte wunderbar mit diesen Gegenständen handeln – sie in guten Zeiten nutzen und bei Bedarf gegen andere Dinge eintauschen.

Menschen, die Kupfer formen und bearbeiten konnten, waren die ersten spezialisierten Handwerker der Geschichte: die ersten Schmiede.

Der Transport von Kupferwaren war vermutlich ein Anreiz zur Domestizierung von Pferden und die Kupferummantelung früherer Pflüge beschleunigte die Ausbreitung der Landwirtschaft. Die Fähigkeit, Kupfer bearbeiten zu können, förderte Wirtschaft, Handel, stabile Gemeinden und Viehzucht.

Doch industriell ist der Einsatz von Kupfer eingeschränkt. Es verformt sich unter Belastung zu schnell und ist nicht hart genug, sodass Kanten nicht lange scharf bleiben. Als der Mensch vor rund 6000 Jahren entdeckte, dass durch die Kombination von Kupfer mit Arsen oder Zinn ein ganz neues Metall entstand, nämlich Bronze, nahm die Zivilisationsgeschichte eine ganz neue Richtung: Bronze war als erstes Metall hart genug zur Herstellung von Schwertern und Rüstungen, bisher völlig unbekanntem Kriegsgerät.

Viele der antiken Kulturen, die wir bewundern, wie etwa die Griechen, florierten durch ihren meisterhaften Umgang mit Bronze. In eroberten Gebieten bauten sie Handelsnetzwerke auf und schlossen gegenseitige Schutzpakte, die neue Regierungsformen erforderten: Demokratie und Imperium. Für Zusammenhalt sorgte die Kultur, die Kunstformen und Geschichten hervorbrachte, die uns heute noch erfreuen, wie die von Prometheus, der den Göttern das Feuer der Schöpfung stahl.

Minenarbeiter in England, Turkmenistan und Mitteleuropa förderten auf der Suche nach Kupfer und Zinn erstmals Eisenerz an die Erdoberfläche. War Bronze eine qualitative Verbesserung gegenüber Kupfer, so war Eisen eine Verbesserung gegenüber der Bronze. Zum einen war sein Vorkommen reicher. Nicht jedes Dorf besaß Kupfer, dafür aber Eisen. Die letzte Komponente menschlicher Zivilisation, die Schrift, entstand zu Beginn der Eisenzeit. Durch Schrift ließen sich komplexe Techniken und Fertigkeiten, wie die Arbeit mit Eisen (und später Stahl), dokumentieren und verbreiten.

EISEN-ARTEN

DIE VERSCHIEDENEN EISENWERKSTOFFE SCHMIEDEEISEN, GUSSEISEN UND STAHL UNTERSCHEIDEN SICH IN IHRER HERSTELLUNG, IHRER CHEMISCHEN ZUSAMMENSETZUNG UND IHREN PHYSIKALISCHEN EIGENSCHAFTEN.

Eisen entsteht durch Kernfusion im Inneren der Sterne. Dabei treffen Atome mit solcher Geschwindigkeit und Wucht aufeinander, dass neue Teilchenkonfigurationen entstehen und Energie in Form von Hitze und Licht freigesetzt wird. Das leichteste und einfachste Element, Wasserstoff, kommt in allen Sternen vor. Wenn Sterne größer und dichter werden, entstehen auch schwerere Elemente. Helium ist das zweitleichteste Element, gefolgt von Lithium, dem leichtesten Metall, etc.

Doch auch die Größe und Lebensspanne von Sternen sind begrenzt. Manche Sterne werden so groß, dass ihre immense Gravitation eine Explosion auslöst, eine sogenannte Supernova, bei der ein Großteil ihrer Masse Lichtjahre weit ins All hinausgeschleudert wird. Eisen ist das letzte Element, dass in diesen riesigen, dichten, instabilen Sternen durch Fusion entsteht, bevor sie explodieren.

Eisen ist das am häufigsten vorkommende Metall im Universum. Es macht den Großteil der Masse der erdähnlichen Gesteinsplaneten aus. Trotz all der Eisenkonstruktionen auf der Erde befindet sich der Großteil des Eisens in ihrem Kern. Eisen belegt bei der Schwere Platz 26 unter den Elementen und gehört zu den Übergangsmetallen. Diese Elemente haben metallische Eigenschaften, aber auch unbesetzte Stellen in ihrer äußeren Elektronenschale, die sie auffüllen, indem sie andere Atome an sich binden.

Ihr Aufbau ermöglicht es Eisenatomen, feste Strukturen auszubilden, die Eisen seine Festigkeit und Stärke verleihen. Eisenatome binden sich aber auch leicht an Sauerstoff, was zu chemischen Nebenwirkungen führt, von der Entstehung von Rost an Eisenträgern bis hin zum eisenreichen Hämoglobin, das Sauerstoff durch unsere Blutbahnen transportiert.

Kohlenstoffreicher Werkzeugstahl. Der höhere Kohlenstoffgehalt verleiht dem Werkzeug mehr Festigkeit und Härte als Schmiedeeisen.

ROHEISEN, SCHMIEDEEISEN, GUSSEISEN UND STAHL

Außerhalb von Laboren wird man reines Eisen selten antreffen. Wird Eisen durch Schmelzen aus Eisenerz extrahiert, verbinden sich die Eisenatome mit kleinen Mengen von Kohlenstoff aus dem Feuer und dem Rauch. Diese Verbindung mit Kohlenstoff verleiht Eisen seine Bedeutung in der Menschheitsgeschichte.

Ohne Kohlenstoff ist Eisen brüchig – reines Eisen kann zu Pulver zerfallen. Erst die Verbindung mit Kohlenstoff, Sauerstoff und gelegentlich anderen Metallen verfestigt Eisen zu seinen bearbeitbaren Formen. Das Fenster dafür ist allerdings schmal. Zu viele Verunreinigungen und das Eisen wird wieder brüchig. Machen Kohlenstoff und andere Verunreinigungen bereits nur etwas über sechs Prozent des Eisengewichts aus, ist es praktisch unbrauchbar.

Frühes Eisen wurde geschmolzen und in kleine Barren gegossen, die an Ferkel oder kleine Schweine erinnerten. Dieses Roheisen wurde schon vor über 4000 Jahren hergestellt und hatte meist einen hohen Kohlenstoffanteil.

Um Roheisen nutzbar zu machen, musste es bearbeitet werden. Mit Hitze, Luft und roher Gewalt werden Unreinheiten und Kohlenstoff aus dem Metall entfernt. Der verbleibende Kohlenstoffgehalt entscheidet, welchen Werkstoff man erhält.

Sehr reines Eisen – mit weniger als einem Zehntel Prozent Masseanteil Kohlenstoff – ist Schmiedeeisen. Beträgt der Gewichtsanteil der Unreinheiten mehr als 2 Prozent, spricht man von Gusseisen. Liegt der Anteil dazwischen, sprechen wir von Stahl oder Schmiedestahl. Er ist haltbarer als Schmiede- oder Gusseisen.

Stahl war zwar bereits in der Antike bekannt, aber erst durch das Bessemer-Verfahren des Engländers Henry Bessemer wurde er 1856 im großen Stil nutzbar. Als erstes Verfahren, mit dem Unreinheiten aus großen Mengen an Roheisen entfernt werden konnten, ließ es den Stahlpreis sinken und vergrößerte das Angebot. Schmiedeeisen kam aufgrund seiner wesentlich arbeitsaufwendigeren Herstellung aus der Mode. Flusseisen löste Schmiedeeisen in den 1920er-Jahren ab. Heute werden praktisch nur noch Stahl und Gusseisen produziert.

Nahezu jedes moderne Schmiedeverfahren verwendet Stahl. Schmiedeeisen wird praktisch nirgendwo mehr auf der Welt hergestellt, außer von einigen Recyclingunternehmen. Es wird im Prinzip nur noch für Restaurationen und Reproduktionen verwendet. Als Schmiedeeisen bezeichnet man heute eine Art von Metallarbeit, statt ein spezifisches Material, nämlich Eisen, das von Hand geformt wurde.

WAS IST SCHMIEDEN?

Mithilfe der halbrunden Sättel eines Maschinenhammers erhält ein Dekorelement unter hohem Druck eine sehr feine Spitze.

Dasselbe Element mit dem Handschmiedeeisen auf dem Amboss bearbeitet.

Es gibt verschiedene Arten, Stahl in die gewünschte Form zu bringen. Die meisten Prozesse lassen sich auf drei grundlegende Methoden zurückführen: Schmieden, Zerspanen oder Gießen. Größere Stücke kann man mit maschineller Hilfe in die gewünschte Form bringen, z. B. mit Schleif- oder Drehmaschinen oder von Hand mit Raspeln und Feilen. Geschmolzenes Metall lässt sich in Form gießen. Dieselbe Form lässt sich aber auch durch Schmieden erzielen.

Schmieden ist die Umformung von Metall durch Druck. Es ist die älteste Form der Metallverarbeitung. Schon lange bevor der Mensch Eisen zerspanen oder gießen konnte, gab es Schmiede, die auf erhitztes Eisen einschlugen. Ein Werkstück ist geschmiedet, wenn seine Querschnittsform durch Umformung verändert wird. Auf molekularer Ebene wird das körnige Gefüge durch den Schmiedeprozess verdichtet und gerichtet, wobei jeder Hammerschlag für mehr Stabilität sorgt und das Material weniger porös macht.

In der Industrie ist das Schmieden als der Prozess bekannt, der die stabilsten und haltbarsten Teile liefert. Schmieden, Gießen und Ausspanen werden daher für unterschiedliche Zwecke eingesetzt. Aber immer, wenn etwas stabil sein soll, ob Rasenmähermotor oder Atom-U-Boot, werden die Teile geschmiedet.

So wurde das Wort „geschmiedet" innerhalb des letzten Jahrtausends nicht nur wörtlich, sondern auch im übertragenen Sinne zum Synonym für Kraft. Bei dekorativen Schmiedearbeiten ist die Stabilität, die durch den Schmiedeprozess gewonnen wird, meist überflüssig. Der emotionale Wert und die Konnotationen des Schmiedens werden dabei eher Bestandteil der künstlerischen Aussage.

SCHMIEDEN VS. METALLBAU

Im Metallbau wird das Endprodukt durch Schneiden, Biegen oder Zusammenbau von Metallteilen erzeugt. Meist, wenn auch längst nicht immer, werden die Teile dabei durch Schweißnähte miteinander verbunden. Schmiede sind meist auch Metallbauer, Metallbauer sind aber eher selten auch Schmiede. Jeder Schmied, der Arbeiten aus verschiedenen Komponenten zusammensetzt, ist ein Metallbauer, die meisten bezeichnen sich selbst aber eher als Schmied.

Im Bereich der Architektur liegt der Unterschied zwischen den Gewerken in der unterschiedlichen Beschaffung der Arbeitsmaterialien. Metallbauer setzen meist industriell vorgefertigte oder geschmiedete Elemente zusammen. Schmiede leisten die Vorarbeit selbst. Die Verwendung vorgefertigter Elemente spart Zeit und Kosten, das Schmieden der eigenen Bauelemente bietet aber den Spielraum für Innovation und das Ausloten der Grenzen des Materials.

Die Verbindung zweier Stangen mit einem Niet ist technisch gesehen Metallbau, aber das Einhämmern des heißen Nietenkopfs ist Schmieden. Schmiede sind auch Metallbauer, aber nicht alle Metallbauer sind auch Schmiede.

Tyler schmiedet ein historisches Türband für ein Restaurationsprojekt. Solche Produkte findet man heute meist nur noch als minderwertige Massenware. Kunden, die den Schmiedevorgang verstehen, schätzen dagegen eher die Kunstfertigkeit des Schmieds.

DIE ROLLE DES SCHMIEDS

GESCHICHTLICH GESEHEN HATTEN SCHMIEDE INNERHALB DÖRFLICHER GEMEINSCHAFTEN EINEN EHER HOHEN BILDUNGSGRAD. SIE WAREN MEIST SCHREIBKUNDIG UND HATTEN EINE LANGE, FUNDIERTE AUSBILDUNG HINTER SICH.

Die Schmiede war oft das Herz kleiner Gemeinden. Schmiede konnten reisen, Grundbesitz haben, Ehen schließen und Reichtum ansammeln. Sie konnten wirtschaftlich wie sozial aufsteigen, was den meisten anderen Menschen bis zur Moderne verwehrt blieb. Aber vor allem waren sie Innovatoren, die Metall recyceln, Entwürfe verfeinern, chemische Zusammensetzungen verändern und ganz neue Gerätschaften erfinden konnten.

Unsere Geschichte des Metallbaus scheint von unserem technologischen Zeitalter weit entfernt – wir haben das Silikon Valley, unsere Autos werden aus Fiberglas gebaut und wir verwenden so viel Kunststoff, dass nun eine Plastikinsel mitten im Pazifik treibt. Aber die Chips und Akkus unserer Handys werden aus seltenen Erden gemacht, Metallen wie Neodym und Gadolinium, die noch nicht vollständig erforscht sind und deren Gewinnung extrem umstritten ist. Ähnliche Chips könnten eines Tages Nanoroboter steuern, die die Medizin revolutionieren. Und die Physik, die sich einst durch die Erkundung der Metalleigenschaften entwickelte, hat sich heute auf Gebiete wie die Astrophysik ausgeweitet, die Himmelskörper und die grundlegenden Fragen des Universums erforscht.

Aber die Erforschung von Metallen bleibt wichtig für unsere Zukunft, auch wenn sie heute in Laboren stattfindet und nicht in der Schmiede im Ortskern. Das hat auch Konsequenzen: Wir sehen nicht länger, welche Mühe die Herstellung vieler Dinge macht, und sind in ihrer Pflege oft nachlässig. Bei der Kaufentscheidung kommt es mehr auf Aussehen und Preis an, als auf Haltbarkeit und Langlebigkeit. Der Schmied steht heute in Konkurrenz mit Ausbeuterbetrieben am anderen Ende der Welt. Daher ist ein wichtiger Teil des Verkaufs, den Kunden den Unterschied zwischen Massenware und Handwerkskunst näherzubringen.

Auch die Rückkehr zu handwerklicher Metallarbeit würde nicht alle gesellschaftlichen Missstände beheben, aber die Erkenntnis, wie wichtig Metall für den Menschen ist, kann uns viel über uns selbst lehren – über unseren Innovationsgeist, unsere Kreativität, unseren Einfallsreichtum, unsere Kunstfertigkeit, unser Können. Ohne sie verfallen wir in Stagnation und Pessimismus.

Wir leben in den Anfangsjahren eines Jahrhunderts, in dem wir Krebs und Hunger besiegen, den Mars besiedeln und neue, saubere Energiequellen erschließen könnten. Viele Menschen glauben aber, unsere besten Tage lägen bereits hinter uns, vielleicht auch, weil sie nie die Chance hatten, ein Stück kaltes Eisen anzusehen in dem Wissen, dass mit der richtigen Temperatur und Inspiration ein einzigartiges Geländer oder ein Kamingitter daraus werden können. Beim Blick auf die Herausforderungen der Zukunft kann uns die Schmiede (und der Schmied) noch einiges lehren.

DIE KUNSTGESCHICHTE DES EISENS

1517 SCHLUG MARTIN LUTHER SEINE *95 THESEN* MIT EINEM EISENNAGEL AN DIE TÜR DER SCHLOSSKIRCHE VON WITTENBERG UND ERÖFFNETE DAMIT EIN NEUES KAPITEL DER EUROPÄISCHEN GESCHICHTE. BIS ZU DIESEM ZEITPUNKT WAR DIE KATHOLISCHE KIRCHE DIE MÄCHTIGSTE POLITISCHE INSTITUTION DES KONTINENTS GEWESEN UND HATTE SEIT ÜBER TAUSEND JAHREN JEDER KRITIK UND HÄRESIE WIDERSTANDEN. JETZT ABER STELLTE DIE REFORMATION EINE ERNSTHAFTE BEDROHUNG FÜR DIE MACHT DER KIRCHE UND DER VIELEN KATHOLISCHEN MONARCHIEN DAR.

BAROCK UND ROKOKO

Etwa zur gleichen Zeit veränderten technologische Fortschritte die Herstellung und Verarbeitung von Eisen. Jetzt war hochwertiges Eisen zu günstigeren Preisen verfügbar und neue Entwicklungen in der Kriegsführung machten gepanzerte Ritter überflüssig, sodass Eisen für andere Zwecke zur Verfügung stand.

Diese gesellschaftlichen und technologischen Veränderungen zwangen die katholische Kirche als größte politische Institution der westlichen Welt dazu, sich in aller Pracht, Stärke und ewiger Macht zu präsentieren, während sich eines der stärksten Metalle immer preiswerter und leichter verarbeiten ließ.

So entwickelte sich das Zeitalter des Barock, einer der frühesten westlichen Kunstbewegungen, die reichen Gebrauch von dekorativem Eisen machte. Die Ästhetik des Barocks wollte visuell überwältigen und die gottgegebene Autorität von Kirche und Monarchie demonstrieren. Die barocke Kunst bediente sich komplexer Kurven, starker Linien, Symmetrie und Pracht. Ihre beispielsweise auch noch in manchen Bankgebäuden zu findende Architektur ist bis heute synonym mit Macht.

Eisenformen waren im Barock zugleich feingliedrig und monumental. In ganz Europa ersetzte Eisen das Holz der Lettner, der Barrieren, die in Kathedralen den Klerus von den Laien trennte, die nun das Wunder der Wandlung während der Messe durch Arabesken und Bögen aus Eisen bestaunen durften.

Mit der Zeit setzte sich der Barock in ganz Europa und im protestantischen England durch. Einige der schönsten erhaltenen barocken Eisenkunstwerke finden sich im Hampton Court Palace in England. Die verschwenderisch verzierten und vergoldeten Tore und Gitter des französischen Meisters Jean Tijou stellen die Nationen des Vereinigten Königreichs dar und demonstrieren die Herrschaft der englischen Krone über all ihre Untertanen.

Ein berühmtes Beispiel für barocke Schmiedekunst: Die von Wilhelm und Maria in Auftrag gegebenen Tore und Gitter des französischen Meisters Jean Tijou im Hampton Court Palace.

Die barocken Meisterwerke in Hampton Court kündigen allerdings auch von einem Umbruch. Der Palast wurde ursprünglich von Kardinal Wolsey erbaut, einem der letzten katholischen Berater eines englischen Königs, der von Heinrich VIII. des Hochverrats bezichtigt wurde. Unter Heinrichs Herrschaft wurde England zur mächtigsten protestantischen Nation der Welt, die ihre andauernde Autorität mit der künstlerischen Grammatik des katholischen Kontinents bekräftigte. Über 100 Jahre später gab das protestantische Königspaar Wilhelm III. und Maria II. die berühmten Schmiedearbeiten für den Hampton Court Palace in Auftrag.

Das Beispiel Hampton Court zeigt, dass die kulturellen Veränderungen, die die Kunst des Barocks eindämmen wollte, unkontrollierbar waren. Durch die Reformation entstand eine neue Weltordnung mit starken katholischen und protestantischen Königreichen, deren Schicksale miteinander verstrickt waren und deren Macht mit der Kolonialisierung der Welt wuchs. Aus dieser neuen Ordnung entsprang eine neue Kunstbewegung, die der starren Symmetrie und schweren Grandezza den Rücken kehrte.

Das Rokoko war leichter und beschwingter als der Barock. Dessen satte Farben und Formalismen wichen nun Pastelltönen und Schnörkeln, Innovationen, die durch neue Textilien, Farben und Lacke aus fernen Kolonien und auch durch weitere Entwicklungen am Schmiedefeuer möglich wurden.

Bis heute steht die Kunst des Rokokos für Leichtigkeit, Femininität und Unschuld, sei es nun in einem Kinder-Teeservice oder einem funkelnden Kandelaber. Diese Unschuld aber war bereits zum Untergang verurteilt. Die unbeschwerten Königshäuser, die durch die bonbonbunten Exzesse des Rokoko tänzelten, standen vor einem katastrophalen Umbruch.

REVOLUTIONEN

Die Revolutionen in Amerika und Frankreich fielen zeitlich mit einer anderen, weit langsameren Revolution in England zusammen. 1783 patentierte der Metallurg Henry Cort das Puddelverfahren, bei dem das Eisen ohne direkten Kontakt zum Brennstoff geschmolzen wurde. Innerhalb weniger Jahrzehnte veränderte Corts Erfindung die Ökonomie Nordenglands radikal und legte die Grundlagen für die Industrielle Revolution im 19. Jahrhundert.

Der Exzess des Barocks und Rokokos war jetzt Geschichte. Die neue Welt beruhte auf den demokratischen Prinzipien der nüchternen Athener und der rücksichtslosen Marktmächte, die nach einem neuen künstlerischen Stil verlangte: dem deutlich schmuckloseren Neoklassizismus. Das nun in nie dagewesener Menge und Reinheit verfügbare Eisen spielte eine entscheidende Rolle beim Bau von Fabriken, Lagerhäusern und Webereien.

Selbstverständlich gibt es keinen berühmteren Beleg für die strukturellen Möglichkeiten von Schmiedeeisen als den von Gustave Eiffel 1887 auf dem Champ de Mars in Paris errichteten Turm. Der Eiffelturm war eine so radikale Abkehr von der altmodischen Pariser Schönheit, dass Hunderte von Künstlern und Philosophen gegen diesen „riesigen schwarzen Schornstein" und die „hasserfüllte Säule aus genietetem Stahl" protestierten. Heute, wo der Turm eines der beliebtesten Wahrzeichen der Welt ist, mag man über diese Kritik lächeln, aber sie war auch eine Vorahnung der aufkommenden Gegenreaktion auf das moderne Industriedesign.

Der Pariser Eiffelturm aus der Froschperspektive. Er besteht aus 6600 Tonnen Schmiedeeisen, die von 2,5 Millionen Nieten zusammengehalten werden.

Die von Hector Guimard entworfene Metro-Station Abbesses in Paris ist ein großartiges Beispiel für Jugendstil-Schmiedekunst.

KONTERREVOLUTIONEN

Im späten 19. und frühen 20. Jahrhundert blühten alternative Designbewegungen auf, die sich der nüchternen und utilitaristischen Ästhetik der industrialisierten Welt entgegenstellten, und allesamt auf Eisen setzten. Der Beaux-Arts-Stil bediente sich mit seinen reichhaltigen und eklektischen Verzierungen, zu denen auch elegante Schmiedearbeiten gehörten, direkt beim Barock.

1887 veranstaltete die Arts and Crafts Exhibition Society in England ihre erste Ausstellung, in dem Jahr, in dem der Eiffelturm eingeweiht wurde. Die Gesellschaft suchte eine Rückkehr zu traditioneller Ästhetik und Methoden, wie Handschmiedearbeiten, um die hohen Qualitätsstandards der Meister aus der Zeit vor der Massenfertigung zurückzubringen. Das Art-and-Crafts-Design setzte auf schlichte, hochwertige Materialien und zurückhaltende Dekoration nach Vorbildern aus der Natur. Sie hatte einen starken Einfluss auf den späteren Jugendstil, den Höhepunkt der Eleganz, Komplexität und Schönheit der Schmiedekunst.

Kunstschmiede des Jugendstils, wie Victor Horta, Hector Guimard und Louis Comfort Tiffany, liebten üppige, organische Formen, radikale Asymmetrie und Brüche der zweidimensionalen Ebene. Daraus entstand eine romantische und dramatische Ästhetik, die bis heute beliebt ist, sei es in Form der einzigartigen Pariser Metrostationen oder einer Tiffany-Lampe, die ein modernes Wohnzimmer mit ihrem warmen Licht erhellt.

NIEDERGANG UND WIEDERGEBURT

Der Wert, den die Art-and-Crafts- und die Jugendstil-Bewegung auf hochwertige Materialien und Kunstfertigkeit legten, konnte der kommerziellen Logik der Massenfertigung nicht standhalten. Im zwanzigsten Jahrhundert wurden Gusseisen und Stahl immer billiger, was sie zu wirtschaftlichen und beliebten Materialien für Zierwerk machte. Fortschritte der Glas- und Betonproduktion ermöglichten Innovationen im Design, die keine Verwendung mehr für die handwerkliche und zunehmend altmodische Ästhetik des Schmiedeeisens hatten. Bauhaus und Brutalismus lieferten die Vorlagen für den Wiederaufbau Europas nach dem Zweiten Weltkrieg, und in den USA definierten verglaste Wolkenkratzer die Geschichte monumentaler Architektur neu.

Die letzte Eisengießerei der Welt schloss 1973. Heute stammt alles Schmiedemetall aus dem Recycling und viele Eisenschmiede, wie ich selbst, arbeiten mit Stahl. Aber die gesellschaftlichen und kulturellen Kräfte – der Hunger nach Dauerhaftigkeit und Grandezza, das Verlangen nach Handgemachtem von hoher Qualität, und die Faszination, lebloses Metall zu atmenden, schönen Formen zu schmieden –, die dem Schmiedeeisen im letzten Jahrtausend zu seinem Aufstieg verholfen haben, existieren auch zu Beginn des neuen Jahrtausends noch.

Sie finden ihren Ausdruck in innovativen Gebäuden, die zum Metall als Design-Statement zurückkehren, wie das Nationalstadion in Peking, das übrigens eine ähnliche Kritik erfuhr wie seinerzeit der Eiffelturm. Sie finden ihren Ausdruck aber auch im unerwarteten Aufblühen der modernen Schmiedekunst, das Menschen in aller Welt wieder an die Essen führt. Diese Handwerker profitieren von tausend Jahren der Designgeschichte, von Barock, Rokoko, Neoklassizismus und Jugendstil, die alle auf den Werkstoff Eisen setzten. Durch Vermischung und Innovation der Designsprachen der Vergangenheit schaffen Schmiede heute eine neue und lebendige Kunstform für die Zukunft.

Diesen dekorativen Zaun samt Tor haben wir in Pittsburgh fertiggestellt. Das Projekt umfasste den Entwurf und das Schmieden eines neuen Bogens und neuer Torflügel sowie die Restaurierung des antiken Eisenzauns. Das Design verlangte nach einer Mischung mehrerer Architekturstile und die Konstruktion erforderte einen Mix neuer und alter Materialarten. Wir haben den Kunden den handwerklichen Schmiedevorgang erklärt, sodass sie den Wert lokaler Handwerkskunst zu würdigen wussten.

TEIL II:

TECHNIKEN UND WERKZEUGE

HANDGESCHMIEDETE ÄSTHETIK

Dieser Leuchter ist sichtbar handgeschmiedet, aber dennoch sauber und präzise gearbeitet. Verschiedene Oberflächentexturen heben die einzelnen Elemente hervor und machen den Unterschied zur Massenware deutlich. Alle Teile werden durch Spannung gehalten und können mit dem Stift in der Mitte einfach gelöst werden.

DAS ZIEL DER PROJEKTE IN DIESEM BUCH IST ES, FUNKTIONALE KUNSTWERKE ZU ERSTELLEN, DIE DAS KÜNSTLERISCHE WIE PRAKTISCHE POTENZIAL DES SCHMIEDEHANDWERKS AUSSCHÖPFEN. DIE AUFGABE DES SCHMIEDS WAR EIGENTLICH IMMER SOWOHL KÜNSTLERISCH ALS AUCH PRAXISORIENTIERT. SCHMIEDE STELLTEN FUNKTIONALE OBJEKTE HER, DEREN DEKORATIVE ELEMENTE OFTMALS DAZU DIENTEN, DIE SCHMIEDESPUREN ZU VERDECKEN. DIE OBJEKTE WAREN HÄUFIG FEINER AUSGEARBEITET ALS HEUTE. BEI HISTORISCHEN REPRODUKTIONEN IST DIESER STIL ABER AUCH HEUTE NOCH HOCH ANGESEHEN.

Heutigen Kunden geht es häufig eher um Aussehen als um Haltbarkeit. Moden wechseln ständig und so wird der Markt mit Dekorelementen aus minderwertiger Massenware geflutet.

Um sich vom Massenmarkt abzusetzen, streben moderne Schmiede danach, Dinge herzustellen, die deutlich nicht nach Massenproduktion aussehen, sondern eine handgeschmiedete Ästhetik besitzen. Schafft der Schmied nichts, was sich von der Massenware unterscheidet, hat der Kunde nichts von der zusätzlichen Zeit und dem Aufwand der Handarbeit. Manche Kunden unterstützen auch einfach gerne einen guten Handwerker, aber ich finde, sie sollten auch von seiner hohen Handwerkskunst und seiner Kreativität profitieren.

Durch die handgeschmiedete Ästhetik erhält der Kunde ein Produkt, das die Massenproduktion ihm nicht bieten kann. Es ist es wert, etwas mehr dafür auszugeben. Oder ganz einfach: Es erhält einen Wert.

SCHMIEDEKUNST

Der zweite Aspekt der handgeschmiedeten Ästhetik ist die Kunstfertigkeit. Damit meine ich nicht, dass jedes Schmiedeobjekt eine Skulptur ist oder in eine Galerie gehört. Aber die kunsthandwerkliche Arbeit – präzise Verbindungen, hübsche konische Stäbe, filigrane Schnörkel und elegante Spitzen – ergibt einen deutlichen optischen Unterschied und reichlich Gelegenheit für Kunstfertigkeit.

Ein Beispiel für Kunstfertigkeit ist die geschmiedete Zapfenverbindung. Diese Verbindungstechnik stammt aus der Zimmerei, ist Jahrtausende alt und äußerst stabil. Für den Schmied ist sie eine Herausforderung, mit der er sein Können zeigen kann. Man könnte versucht sein, diese Verbindung versteckt anzulegen, aber warum sollte man? Schließlich ist sie um einiges schwieriger und zeitaufwendiger als eine geschweißte Verbindung. Dornt man das Zapfenloch aber deutlich auf und verleiht dem Zapfen einen kräftigen Schließkopf, wird der Zapfen zum wesentlichen Bestandteil des Entwurfs. Die hervorgehobene Verbindung ist Teil der Geschichte des Werkstücks.

Hier ein Zufahrtstor mit Tür, das wir im Zentrum von Charleston montiert haben. Das Gestänge ist mit Zapfenverbindungen zusammengefügt. Die aufgedornten Löcher und gehämmerten Zapfen verwandeln die sonst langweiligen Kreuzungspunkte in auffällige Design-Elemente.

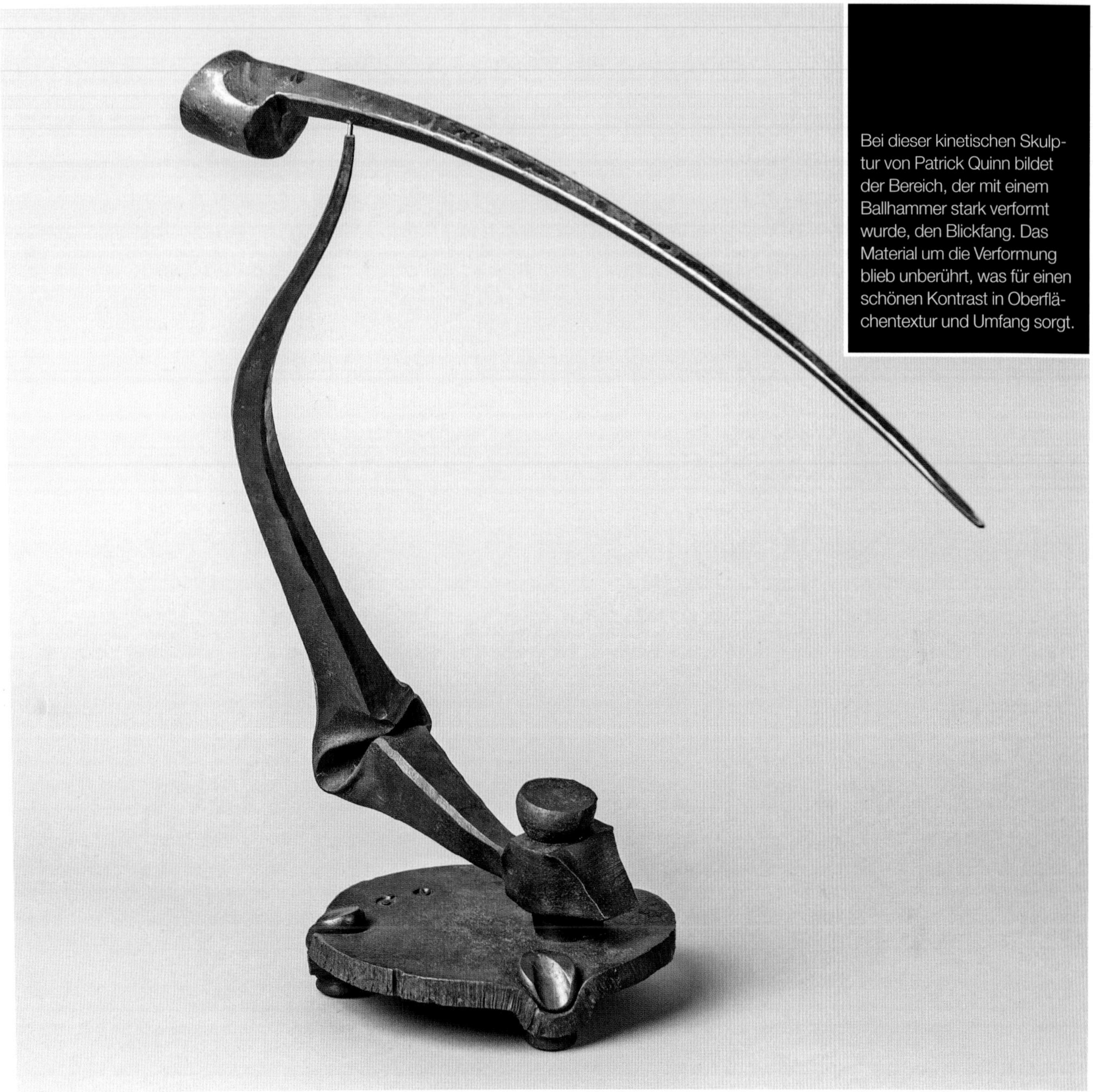

Bei dieser kinetischen Skulptur von Patrick Quinn bildet der Bereich, der mit einem Ballhammer stark verformt wurde, den Blickfang. Das Material um die Verformung blieb unberührt, was für einen schönen Kontrast in Oberflächentextur und Umfang sorgt.

Der moderne Schmied mag dieselben Werkzeuge verwenden wie Schmiede früherer Generationen, er erzielt aber durch unterschiedliche Anwendung andere Resultate. Traditionelle Schmiedewerkzeuge, wie Gesenke, Schlichthämmer, Durchschläger oder Setzhämmer, wurden vor Hunderten von Jahren für spezifische Aufgaben entworfen. Die damit gefertigten Produkte werden heute oft maschinell hergestellt. Der moderne Schmied setzt also traditionelles Werkzeug ein, stellt damit aber andere Dinge her. Er mag das Material breiten und es so belassen, statt es wie ein Schmied im 19. Jahrhundert wieder zu begradigen. Manchmal ist es auch der vom Hammer unberührte, indirekt verformte Bereich, der die gewünschte Ästhetik liefert. Heute nutzt ein Schmied unter Umständen ein Werkzeug, mit dem früher Pflugscharen gefertigt wurden, um stilisierte Möbelkomponenten zu kreieren.

Das zukünftige Ausnahme-Schmiedetalent Rhett Thomas kann Ihnen bereits versichern, dass Schutzkleidung für Besucher so wichtig ist wie für den Schmied selbst. Ihre Socken haben Stahlkappen.

SICHERHEIT

Zu Beginn jedes Buchs über Handwerk sollte man über Sicherheit sprechen, so auch hier. Die moderne Schmiedewerkstatt kann recht gefährlich wirken und häufig ist sie das auch. Aber mit den geeigneten Vorsichtsmaßnahmen lässt sich das Risiko beherrschen. Zunächst ist es wichtig, Augen, Ohren und Zehen zu schützen. Sicherheitsbrille, Gehörschutz und Sicherheitsschuhe sind ein absolutes Muss. Andere Schutzkleidung, wie Lederschürze, Handschuhe oder Ärmelschoner, kommen je nach Situation und persönlicher Vorliebe hinzu.

Mit den richtigen Arbeitsschutzmaßnahmen ist auch die Schmiedewerkstatt ein recht sicherer Ort. Der Arbeitsbereich sollte sauber und organisiert sein. Werkzeug gehört nicht auf den Boden. Mitten in einem Projekt kann das schwierig einzuhalten sein, ist aber wichtig.

Als Schmied gewöhnt man sich schnell an Feuer und umherfliegende Funken. Anfangs meint man, man müsse mindestens drei Meter Abstand zum Feuer halten, um sich nicht die Haut zu versengen. Aber bald merkt man, dass Feuer ein Hilfsmittel ist, das man zwar mit Respekt, aber auch möglichst umfassend nutzen sollte. Vor einem gut kontrollierten Schmiedefeuer muss niemand Angst haben. Jeder Schmied verbrennt sich mal – anfangs häufiger, mit steigender Erfahrung seltener. Kleine Verbrennungen sollten sofort unter laufendem kaltem Wasser gekühlt werden. Bei stärkeren Verbrennungen sucht man besser sofort einen Arzt auf.

Über das Tragen von Handschuhen bei kleineren Handschmiedearbeiten wird viel diskutiert. Ich glaube, man sollte Handschuhe nur tragen, wenn es absolut notwendig ist – aber nie an der Hammerhand. Einzige Ausnahme ist, wenn man ein so heißes Werkstück bearbeitet, dass man sich die Knöchel der Hammerhand versengt. Mit Handschuhen büßt man einen Großteil seiner Kontrolle über den Hammer ein und oftmals ist es genau diese Kontrolle, die vor Verbrennungen schützt, und nicht der Handschuh. Hält man beispielsweise einen erhitzten Stab am kalten Ende, kann man mit der bloßen Hand recht einfach erkennen, wie weit man mit der Hand in Richtung Wärme gehen kann. In der Zeit, in der man schmiedet, breitet sich die Hitze nicht so aus, dass man das kühlere Ende nicht mehr greifen könnte. Greift man den Stab aber mit dem Handschuh, erscheint er am Anfang vielleicht kühl genug. Mit der Zeit steigt die Hitze aber durch den Handschuh und man muss den Griff ändern, was den Arbeitsfluss unterbricht.

DIE SCHMIEDE-WERKSTATT

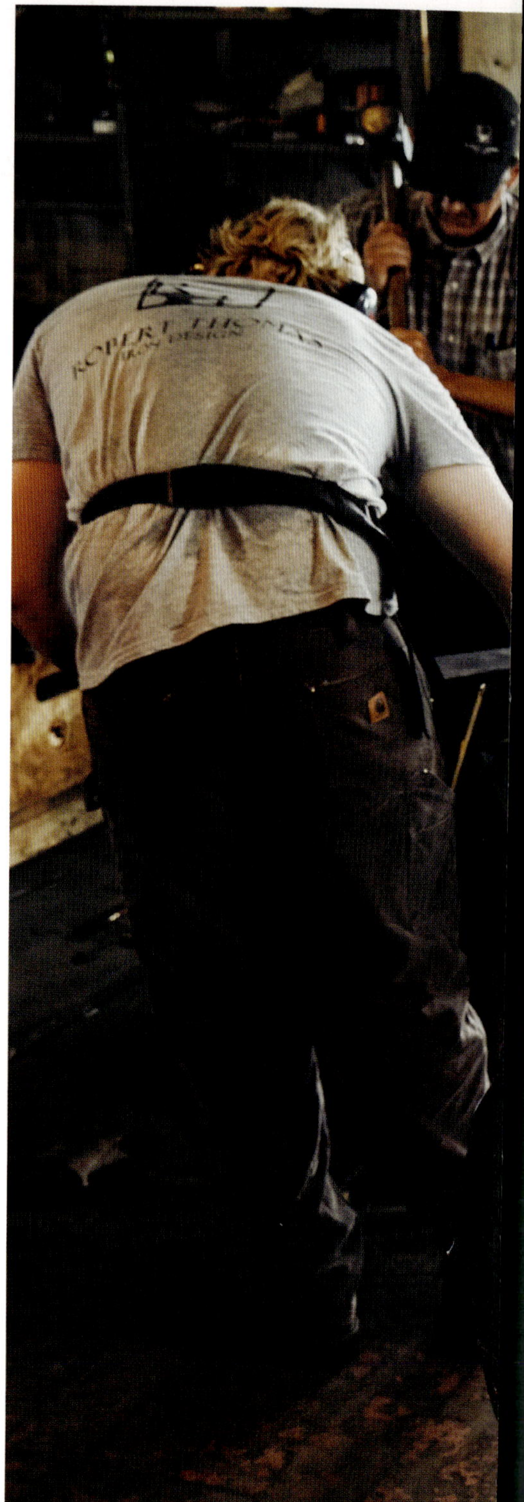

OB SIE IHRE WERKSTATT NUN SCHMIEDE ODER STUDIO NENNEN UND EGAL, OB SIE IN EINEM 3 × 3 METER GROßEN SCHUPPEN ODER IN EINER 9300 M² GROßEN HALLE UNTERGEBRACHT IST – WICHTIG IST NUR, DASS SIE DER ORT IST, AN DEM SIE SCHMIEDEN.

Mit der Art der Werkstücke ändert sich auch das Erscheinungsbild der Schmiedewerkstatt. Wer hauptsächlich kleine Gegenstände wie Haushaltswaren oder kleine Skulpturen herstellt, braucht vermutlich nur einen kleinen Raum mit Esse, Amboss und ein paar ausgewählten Werkzeugen. Für größere Projekte und Bauelemente ist eine größere Halle bestimmt sinnvoll, wenn auch nicht unbedingt erforderlich. Die Werkstattgröße ist auch abhängig davon, wie viele Menschen dort arbeiten sollen. Der Einzelschmied hat in einem großen Raum viel mit Aufräumen und Wartung zu tun. Daher war für mich, als ich alleine gearbeitet habe, eine kleine Werkstatt von rund 74 m² ausreichend. Heute, da wir zu viert oder fünft gleichzeitig arbeiten, ist es schön, 465 m² zur Verfügung zu haben.

Auf meinen Reisen sehe ich teils außergewöhnliche Werkstätten und in jeder finde ich ganz besondere, geniale Lösungen. Ich nutze immer noch jede Gelegenheit, andere Schmieden zu sehen. Und jedes Mal finde ich etwas, womit ich meine eigene Werkstatt noch verbessern könnte. Viele Schmiede verbringen ihr Leben damit, ihre Gerätschaften und ihre Arbeitsumgebung so zu verbessern, und sind glücklich, wenn sich jemand wirklich dafür interessiert.

Die Japaner haben eine Arbeitsphilosophie namens Kaizen, was Veränderung zum Besseren bedeutet. Sie bezieht sich auf alle in einem Betrieb Tätigen, vom Vorstand bis zum Hausmeister, und auf alle Gerätschaften, von der teuersten Maschine bis hin zum Briefkasten. Im Wesentlichen geht es darum, sich stetig zu verbessern. Auf den Schmied übertragen kann dies bedeuten, ständig die eigenen Arbeitsabläufe weiterzuentwickeln. Wie die Werkstatt aufgebaut ist, hat darauf einen großen Einfluss. Auch wenn man mit dem Schmieden nicht sein Geld verdient, ist es ein gutes Gefühl, effizient und sinnvoll zu arbeiten. Planen Sie Ihre Werkstatt gut, seien Sie aber immer bereit, sie weiter zu optimieren. So kann es frustrierend sein, ständig auf der Suche nach Werkzeug hin und her zu laufen. Hat man sein Werkzeug griffbereit, kann man sich ganz auf den kreativen Prozess konzentrieren.

Tyler und Matt arbeiten gemeinsam am Amboss, während John Winer einen Stab am Maschinenhammer streckt und ich am Schraubstock an einer Biegung arbeite. Selbst in größeren Werkstätten kann es schon mal eng werden, wenn vier Leute gleichzeitig arbeiten, es sorgt aber auch für viel positive Energie.

DAS WERK-ZEUG

Eine Schmiede kann auf ganz unterschiedliche Weise ausgestattet sein und so mancher Schmied wird Ihnen sagen, dass man eigentlich nur einige wenige Werkzeuge benötigt. Das ist richtig, aber selbst die minimalistischsten Schmieden haben einen Amboss, eine Esse, ein Härtebecken, Handwerkzeuge und möglicherweise mindestens einen Maschinenhammer oder eine Presse.

AMBOSS

Will man das Schmieden kurz und bündig beschreiben, so ist es das Verformen von Metall durch kontrollierte kinetische Energie. Ein Großteil dieser Energie stammt vom Amboss. Das mag zunächst verwirren, denn schließlich ist der Amboss (hoffentlich) der stabilste Gegenstand in der Schmiede und steht allgemein für Masse und Stabilität. Bevor sie noch je eine Schmiede von innen gesehen haben, wissen Kinder, was es heißt, wenn ein Amboss einer Zeichentrickfigur auf den Kopf fällt.

Wenn Schmied oder Schmiedin aber den Hammer schwingen, erzeugen sie eine gerichtete kinetische Energie. Schmieden ist harte Arbeit. Um lange Stunden an einem feinen Werkstück arbeiten zu können, muss der Schmied so viel seiner mit dem Hammer abgegebenen Energie wieder hereinholen wie irgend möglich.

Dazu ist der Amboss da. Er ist schwer genug, dass er unter dem Schlag nicht verrutscht, und hart genug, dass er die Kraft des Schlages reflektiert und einen Teil der Energie des Schmiedes für den nächsten Schlag zurückgibt. Das ist wie Joggen auf Asphalt, das dem Läufer leichter fällt als auf weichem Untergrund wie Sand.

Die Form des Ambosses spielt eine wichtige Rolle für die Kontrolle des Aufschwungs und die Nutzung der reflektierten Energie. Jede Kurve, Spitze und Kante hat eine eigene Funktion und die Platzierung des Metalls auf dem Amboss ermöglicht die unterschiedlichsten Wirkungen.

Die meisten Ambosse verfügen über ein Horn, einen spitz zulaufenden Konus, der dem Formen von Biegungen und dem Strecken von Metall dient. Durch das Horn erhält der Amboss seine klassische Form. Auf der Oberseite des Ambosses befindet sich die Bahn, die Arbeitsfläche. In der Bahn finden sich häufig Löcher für das Stauchen und zur Aufnahme von Zusatzstücken. Für eines der Löcher, die Gesenkaufnahme, gibt es sogar eine ganze Reihe spezieller Werkzeuge. Zwischen der Bahn und dem Horn findet sich häufig ein abgesetzter Bereich für den Einsatz von Meißeln. Natürlich folgt nicht jeder Amboss diesem Muster und es gibt Ambosse für spezielle Aufgaben, die von der Grundform erheblich abweichen.

Der Hauptamboss in unserer Schmiede ist von 1882 und wurde vermutlich in England zur Herstellung von Ankerketten geschmiedet. Ich denke bei der Arbeit gerne an die Hunderte von Jahren und die unzähligen Hammerschläge, die er erlebt hat.

Und wir nutzen ihn reichlich, weil Maschinenhämmer und hydraulische Pressen Hammer und Amboss nicht ersetzen können. Wir nutzen den Amboss immer noch zum Formen und Veredeln und gelegentlich auch zu zweit.

Hin und wieder arbeiten Schmied und Zuschläger zusammen an einem Werkstück. Bevor es Maschinenhämmer gab, war dies die einzige Methode, mit der man Stabeisen bearbeiten konnte. Der Schmied ist der Erfahrenere, er positioniert Werkstück und Hammer präzise auf dem Amboss und leitet den Zuschläger, der meist einen wesentlich größeren Hammer verwendet. Im Idealfall finden beide zu einem fließenden Rhythmus.

Manchmal arbeiten wir auch als Schmied und Zuschläger, obwohl wir einen Maschinenhammer direkt neben dem Amboss stehen haben, weil es Spaß macht, uns an die Wurzeln unseres Handwerks erinnert und uns als Künstler miteinander verbindet.

MASCHINENHÄMMER

In unserer Schmiede stehen drei Maschinenhämmer aus sechs Jahrzehnten. An diesen Maschinen kann man auch faszinierende technische Trends ablesen.

Der älteste und kleinste ist unser Little Giant. Little Giant war ein amerikanischer Hersteller von 1895, dem sogenannten Vergoldeten Zeitalter Amerikas.

Die Vermögen dieser Ära wurden mit Stahl, Öl und Eisenbahnen gemacht, den Knochen, dem Blut und dem Kreislauf der Industriellen Revolution. Als Little Giant ihre ersten Hämmer auslieferten, produzierte der größte Dampfhammer der Welt in Bethlehem, Pennsylvania, Panzerplatten für Schlachtschiffe und versetzte die Nachbarschaft in Angst und Schrecken, die fürchtete, das Geräusch könnte Erdbeben auslösen.

Unser 100-kg-Bêché-L3-Lufthammer. Um 1963.

Die Hämmer von Little Giant waren in Größe und Ausstattung bescheidener. Ihre Hammerbären wogen meist zwischen elf und 45 kg und sie wurden anstelle von Dampf mechanisch mit Schwungrädern und Zentrifugalkupplungen betrieben.

Als unser Little Giant 1953 gebaut wurde, erlebte Amerika gerade eine zweite industrielle Revolution, befeuert von Konsumartikeln wie Autos und Haushaltsgeräten. Es war der Nachkriegsboom und die amerikanischen Hersteller waren perfekt aufgestellt, um den globalen Wiederaufbau voranzutreiben.

Es ist zwar eine schöne Vorstellung, dass dieser Hammer dazu verwendet wurde, amerikanische Produkte herzustellen, die heute Kultstatus haben, aber vermutlich hat er eher 40 Jahre lang Hammerköpfe produziert, bevor er in der Scheune in South Carolina landete, wo ich ihn gefunden habe. Was immer er auch produziert hat, er und Millionen von ähnlichen Hämmern waren in den wichtigen Nachkriegsjahren die Zugpferde der amerikanischen Wirtschaft.

Spulen wir vor ins Jahr 1963. Das endlich von seinen Kriegsnarben geheilte Deutschland schob seine eigene Industrie an. Hier war der beliebteste Hammer der Bêché-Lufthammer.

Unser Bêché ist der 100-kg-L3, mein ganzer Stolz. Was mich so an ihm fasziniert, ist die fantastische Fertigungsqualität. Als ich diesen Hammer gekauft habe, war er bereits über 50 Jahre in ständigem Gebrauch und sah immer noch wie neu aus.

Der Bêché war ein solches Vorbild des Maschinenhammerbaus, dass sein Patent eine begehrte Kriegsbeute war. Nach der Teilung Deutschlands nach dem Zweiten Weltkrieg erwarb die Sowjetunion die Blaupausen und stellte überall im eigenen Land und ihren alliierten Nationen Nachbauten auf. Dazu zählte auch China, das bis heute in Form des Anyang-Maschinenhammers ein sehr ähnliches Gerät baut und vertreibt.

Unser dritter Hammer ist ein 40-kg-Anyang von 2013. Bevor ich den Bêché hatte, war der Anyang der Schwerarbeiter in der Schmiede, und ich habe mit meinem Team ein paar Arbeiten mit ihm erstellt, auf die ich sehr stolz bin. Er ist kraftvoll, verlässlich und gut steuerbar.

Unser 40-kg-Anyang-C14-15-Lufthammer. Um 2013.

Unser 100-lb-Little-Giant. Um 1953.

ESSE

Die Geschichte des Schmiedens ist zum größten Teil auch die Geschichte der Esse. Die grundlegenden Werkzeuge des Handwerks sind seit Jahrtausenden dieselben, sodass vieles in unserer Schmiede auch einem Dorfschmied aus dem Mittelalter vertraut vorkommen würde. Aber mit jeder Weiterentwicklung der Esse wurde auch das Metall reiner und in seinen Eigenschaften konsistenter und dazu auch noch ressourcenschonender.

Die einfachsten Essen erinnern auf den ersten Blick an ein Herdfeuer. Allerdings erfordern die für die Metallverarbeitung notwendigen Temperaturen, dass der Schmied die Luftzufuhr steuern, das Feuer formen und den Kontakt zwischen Werkstück und Brennstoff präziser regulieren kann, als das mit einem Herdfeuer möglich ist. Der Erfolg des Schmieds hängt von all diesen Faktoren und einem sicheren Arbeitsplatz ab.

Hier ist unsere vierflammige Propangasesse zu sehen. Die Esse ist vom Schamottesteintisch getrennt, um sie für größere Werkstücke anheben zu können.

Tyler an unserer seitlich belüfteten Kohlenesse. Die Luft strömt von hinten ein, statt von unten, und konzentriert die Hitze so besser.

Als ich mit dem Schmieden angefangen habe, habe ich meistens Propangas genutzt, und wir haben bis heute ein paar Propangasessen für spezielle Aufgaben. Aber mittlerweile bevorzuge ich für die meisten Arbeiten kohlebefeuerte Essen. Die Kohle hat einen schlechten Ruf, aber ein gut geführtes Kohlenfeuer qualmt und stinkt nicht. Ich kann das Feuer mit einem Schürhaken und Rechen dicht ans Metall bringen und verbrauche nur so viel Brennstoff, wie unbedingt nötig ist. Zudem erzeugt nichts eine so schnelle und intensive Hitze.

Unsere aktuelle Esse wurde von Matt Garton entworfen und gebaut. Sie hat eine seitliche Luftzuführung, sodass die Luft quer durch die Glut strömt, statt von unten. Ihre Schnelligkeit und Intensität wird teilweise durch die Luftabsaugung gesteuert. Diese effiziente Konstruktion konzentriert die Hitze, was bei der Arbeit im amerikanischen Süden durchaus von Bedeutung ist.

HYDRAULISCHE UND MECHANISCHE PRESSEN

Andrew Chambers stanzt Werkstücke an seiner umgebauten Hydraulikstanze.

Neben den Maschinenhämmern sind Pressen in der Schmiede äußerst nützliche Werkzeuge. Kurbelgetriebene Spindelpressen eignen sich hervorragend für viele Aufgaben und sind ihren hydraulischen Gegenstücken in mancherlei Hinsicht überlegen. Die schnell arbeitenden hydraulischen Pressen eignen sich vor allem für schwerere Schmiedearbeiten.

Die Spindelpresse ist eine mechanisch betriebene Presse und älter als die hydraulische Presse. Sie war in den Vereinigten Staaten nie besonders beliebt, wohl aber in Großbritannien, wo ich gelernt habe. Sie wurde ursprünglich für einfache Press- und Stanzarbeiten entwickelt und Anfang des 20. Jahrhunderts durch dampfgetriebene Pressen ersetzt. Da nur wenige Teile an einer Spindelpresse versagen können, gibt es in Großbritannien immer noch viele einsatzfähige Modelle, die heute fast ausschließlich von Kunstschmieden genutzt werden.

Die wunderbar einfach zu bedienende Spindelpresse besitzt einen gewichteten Hebelarm, der über eine Gewindespindel Druck ausübt. Im Prinzip handelt es sich um einen großen Hebel, der schnell Druck ausüben und wegnehmen kann. Da man die absolute Kontrolle über den Schlag hat, kann man den Stempel sanft oder kräftig, langsam oder schnell absenken. Diese Pressen sind sehr zuverlässig und bedienungsfreundlich. Ihr einziger Nachteil ist, dass sie meist nicht mehr als 7,3 bis 9 Tonnen an Druck ausüben können.

Wir haben in unserer Schmiede drei Spindelpressen mit 2,7, 3,6 und 5,4 Tonnen Druck und wir nutzen sie nahezu jeden Tag sowohl für warme als auch für kalte Arbeiten.

Wenn man mehr Druck benötigt, setzt man eine hydraulische Presse ein, die es in allen Größen und Ausstattungen gibt. Die meisten haben je nach Verwendung und Kapazität entweder einen H- oder C-förmigen Rahmen. Wir haben drei hydraulische Pressen in der Schmiede, eine 54-t-Presse mit H-Rahmen, eine 50-t-Presse mit C-Rahmen und eine kleine Horizontalpresse. Die C-Presse ist eine umgebaute Stanzmaschine und sehr schnell, was sie ideal für Stanz- und Locharbeiten macht. Der H-Rahmen hat eine größere Öffnung, ist aber etwas niedriger und ist perfekt für Prägearbeiten.

Die langsame Arbeitsweise der Presse führt im Gegensatz zum Hammer zu anderen Formen. Wenn der Hammer auf heißen Stahl trifft, breitet er das Material von außen nach innen aus: zuerst die Oberfläche, dann das Innere der Stange. Die Presse drückt das Material wie bei einer Zahnpastatube von innen nach außen. Dieser Unterschied kann zu einer ganz eigenen Ästhetik führen, wenn man Arbeiten ausführt, die nur eine Vertiefung mit einem großen Gesenk benötigen.

Unsere Spindelpresse 8 DB von Sweeney & Blocksidge, um 1910.

HÄMMER

Hämmer gab es schon vor über 30 000 Jahren in Form eines an einen Stock gebundenen Steins und sie haben sich seitdem kaum verändert. Selbst in unserer Welt der konstanten Innovationen und technischen Fortschritte ist es selten, dass ein Bauwerk oder eine Maschine ohne die Hilfe von irgendeiner Form von Hammer erbaut wird.

In unserer Schmiede geschieht praktisch nichts ohne die Zuhilfenahme eines Hammers. Wir behandeln den Hammer deshalb mit dem Respekt, den er sich in 30 000 Jahren Dienst am Menschen verdient hat. Wir haben Hunderte Hämmer, die meisten selbstgemacht, manche gekauft. Die meisten von ihnen haben eine Geschichte. Manche wurden auf der anderen Seite der Welt von Freunden in ihrem ganz eigenen Stil gemacht. Viele wurden von Matt an einem Samstagnachmittag oder bei einem Workshop geschmiedet. Alle sind anders, aber in den richtigen Händen ausgesprochen praktisch.

In England, Teilen Europas und Nordamerikas bevorzugen viele Schmiede einen leichteren Hammer mit einem langen, dünnen Stiel, weil es ihnen mehr auf die Schnelligkeit ankommt, die man am besten mit einem längeren Stiel und einem größeren Schwungbogen erreicht. In Osteuropa und dem Nahen Osten glaubt man das Gegenteil, dass es nämlich auf die Masse ankommt, die man mit einem schwereren Kopf und kürzeren Stiel erhält. Die Idee dahinter ist, dass mehr Masse mit mehr Energie auftrifft und man dadurch mit weniger Schlägen auskommt.

Es gibt reichlich Diskussionen darüber, welche Art von Hammer am besten ist, aber ich halte diese Frage schlicht für nicht zu beantworten.

Es gibt Hunderte, wenn nicht sogar Tausende unterschiedliche Formen und Größen von Hämmern, die regelmäßig und erfolgreich von Schmieden verwendet werden. Manche sind schwer, manche leicht, manche haben lange, andere kurze Stiele.

In Werkstätten, die sehr spezielle und repetitive Techniken verwenden, können Form und Gewicht des Hammers sehr wichtig sein. Wir erledigen hingegen ganz unterschiedliche komplexe Aufgaben und nutzen deshalb die unterschiedlichsten Hämmer. Wir nutzen oft beim gleichen Projekt kurze 4-Pfund-Hämmer in tschechischer Form und lange 2-Pfund-Kugelhämmer. Ich nehme meist den Hammer, der am komfortabelsten in der Hand liegt, und das ändert sich häufig.

ZANGEN

Pete Smith, einer meiner Ausbilder in Hereford, sagte immer: „Wenn du's nicht halten kannst, kannst du's auch nicht schmieden." Für ihn war es ganz zu Recht entscheidend, immer die richtige Zange für das jeweilige Werkstück zu verwenden, damit man sich ganz aufs Schmieden konzentrieren kann, statt darauf, das Werkstück sicher zu halten. In unserer Werkstatt haben wir etwa 200 unterschiedliche Zangen, damit wir jedes Werkstück, das wir bearbeiten, jederzeit sicher halten können. Viele unserer Projekte beginnen mit dem Schmieden spezieller Zangen für das verwendete Material.

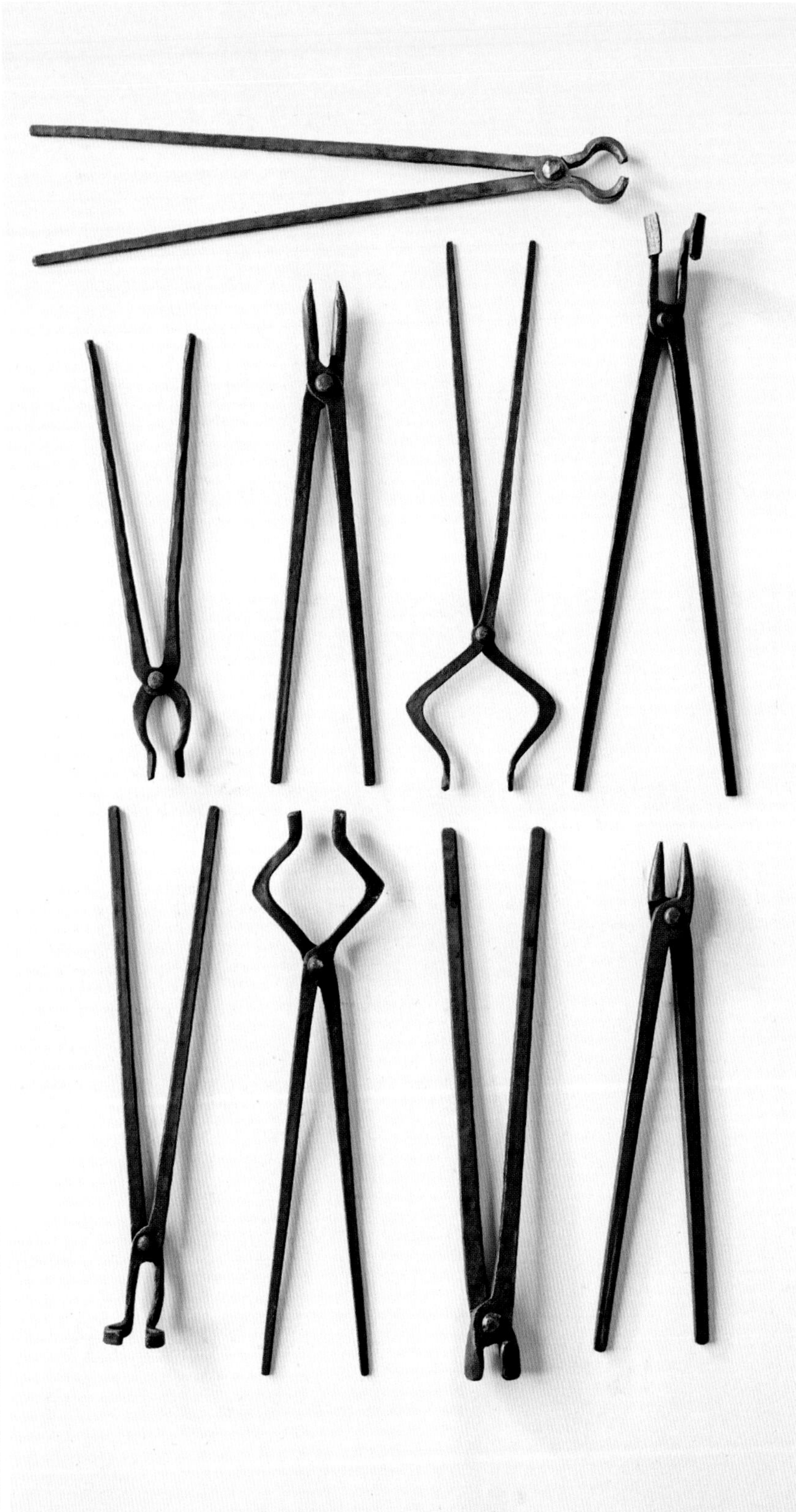

DURCHSCHLAG

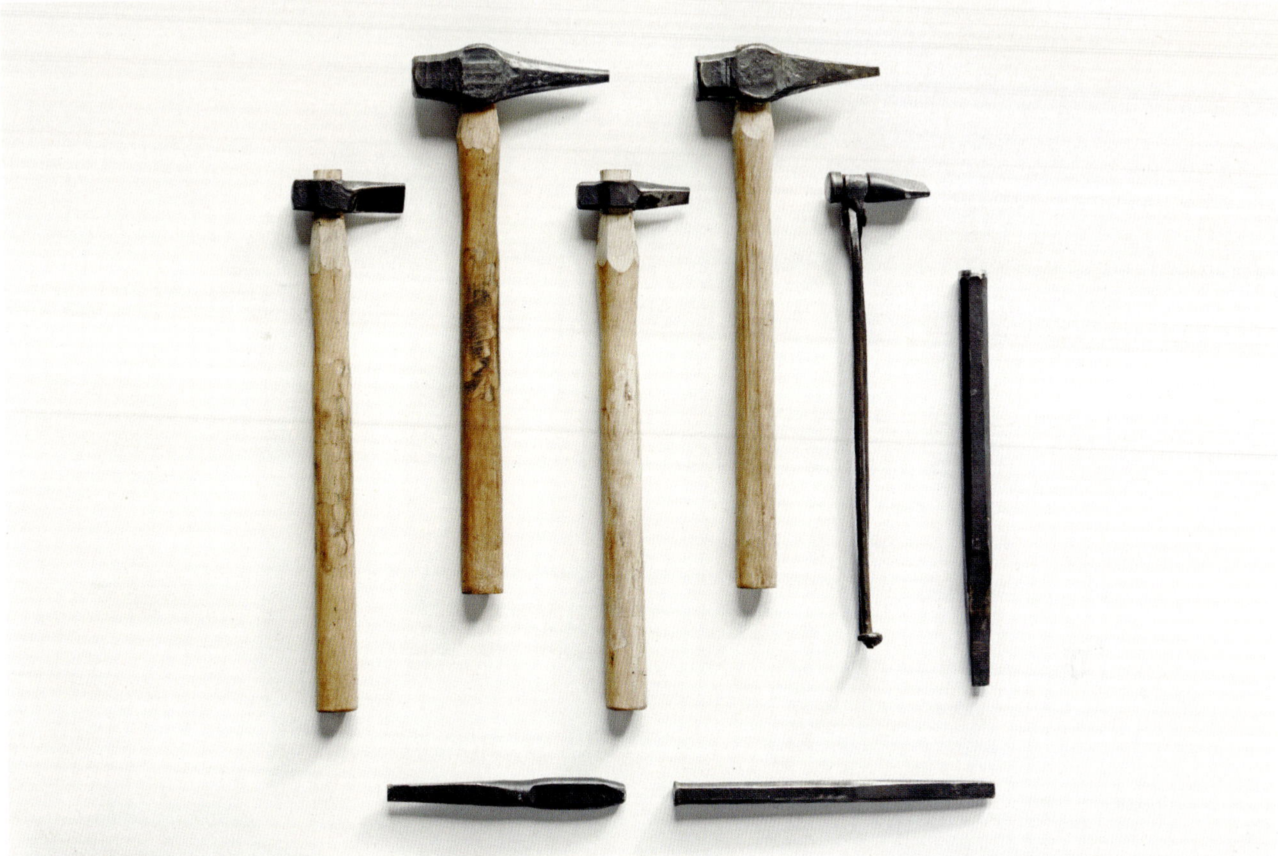

Es gibt viele Möglichkeiten, ein Loch durch ein heißes Stück Stahl zu treiben. Wir verwenden dazu eine Vielfalt runder, eckiger und länglicher Lochhämmer und Durchschläge. Da sie alle ihre ganz eigenen Aufgaben haben, gibt es so etwas wie das „beste Werkzeug" nicht.

Anstelle eines Bohrers verwenden wir meist einen Durchschlag, um die maximale Menge an Material bei minimaler Verformung rund ums Loch zu entfernen. Ein quadratischer Durchschlag produziert ein eckiges Loch mit kaum verformten Rändern. Diese Durchschläge sind eine gute Wahl, wenn ein Loch nicht betont werden soll.

Soll das Loch aber optisch betont werden, kann man das umliegende Material mit einem Durchschlag auch ganz nach Wunsch verformen. Indem man ein ovales oder längliches Loch schafft, und die Ränder dann zu einem runden oder eckigen Loch aufweitet, kann man ein auffälliges Designelement schaffen. Diese Art von Loch gibt auch eine stabilere Verbindung, da an den Lochrändern mehr Material stehen bleibt. Die auffälligsten Löcher erzielt man mit Schlitzhämmern, da sie nur sehr wenig oder gar kein Material entfernen und alles zu den Rändern hin verdrängen. Einen Schlitz zu produzieren, erfordert sehr viel Kraft, da das Loch praktisch aufgestreckt werden muss.

Ebenfalls sehr auffällige Aufwölbungen erzeugt der Splinthammer, der ein ovales oder rechteckiges Loch schafft, dessen Umfang in der Regel dem des fertigen Lochs entspricht. Das Loch wird dann eher mit dem Dorn geformt als mit dem Schlitzhammer aufgeweitet. Das Ergebnis ist eine deutliche Aufwölbung des Materials um das Loch herum, die meist fast so stark ausfällt wie mit dem Schlitzhammer. Die Kombination aus Ästhetik und einfacher Bearbeitung lässt uns wesentlich häufiger zum Splinthammer greifen. Wir besitzen Hunderte unterschiedlicher Splinthämmer in allen Größen und Formen. Manche haben Holzstiele, andere werden mit der Hand oder eigenen Zangen gehalten.

DORN

Ist ein Loch erst einmal durchgetrieben, muss es meist zu einer bestimmten Größe oder Form erweitert werden. Dafür verwendet man einen Dorn. Manchmal, wie etwa beim Schmieden eines Hammerkopfs, kann der Dorn auch zum Stützen des Werkstücks dienen. So lässt man den Dorn beim Schmieden der Wangen im Loch, damit es seine Form behält. Wir fertigen unsere Dorne für bestimmte Größen und Projekte meist selbst an. Manche Dorne, die wir nur ein paar Mal benötigen, fertigen wir aus Baustahl und einsatzhärten sie, andere, die wir regelmäßig benutzen, fertigen wir aus Stahl mit hohem Kohlenstoffgehalt oder einer Stahllegierung, die einen hohen Härtegrad hat.

MEIßEL

Bevor es Bandsägen oder auch nur Bügelsägen gab, war der Meißel die einzige Möglichkeit, um Metall zu schneiden. Heute stehen uns viele Werkzeuge zur Verfügung, wir verwenden aber immer noch häufig Meißel, vor allem zum Heißschneiden. Es geht viel schneller, das heiße Eisen auf dem Amboss oder am Maschinenhammer zu trennen, als es abkühlen zu lassen, mit der Säge zu schneiden und dann wieder auf Temperatur zu bringen. Der Warmschrotmeißel schneidet allerdings nicht so präzise wie eine Säge.

Für Treibarbeiten und dekorative Zwecke nutzen wir viele verschiedene Meißel. Manche haben Metallgriffe, andere Holzgriffe, und sie haben die unterschiedlichsten Formen und Größen.

SETZHAMMER

Der Setzhammer ist ein äußerst nützliches Werkzeug, vor allem für Arbeiten mit abrupten Dimensions- und Richtungswechseln. Er hat eine flache, quadratische Bahn mit leicht abgerundeten Kanten, um gut in Ecken vorzudringen. Wir nutzen Setzhämmer immer in Zusammenarbeit mit Schlichthämmern.

SCHLICHTHAMMER

Der Schlichthammer ist ein wichtiges Schmiedewerkzeug, das man wahrscheinlich in jeder Schmiede der Welt findet. Am Amboss nutzen wir Schlichthämmer mit Holzgriff, unter dem Maschinenhammer flache Schlichthämmer mit gerundeter Rückseite. Beide sind besonders nützlich, wenn es um das Verjüngen geht, da die flache Bahn unerwünschte Hammerspuren entfernt.

KEHLHAMMER UND -SCHROT

Ober- und Unterteil gehören zu einem Werkzeugpaar, von denen das Oberteil einen Handgriff hat und das Unterteil befestigt wird und ein entsprechendes Profil aufweist. Ein Satz aus passendem Ober- und Unterteil ist für unterschiedlichste Aufgaben nützlich, wie etwa zum Fertigen von Hämmern, Zangen oder zum Ausarbeiten bestimmter Formen. Wir fertigen sie häufig selbst an, wenn wir unterschiedliche Radien benötigen.

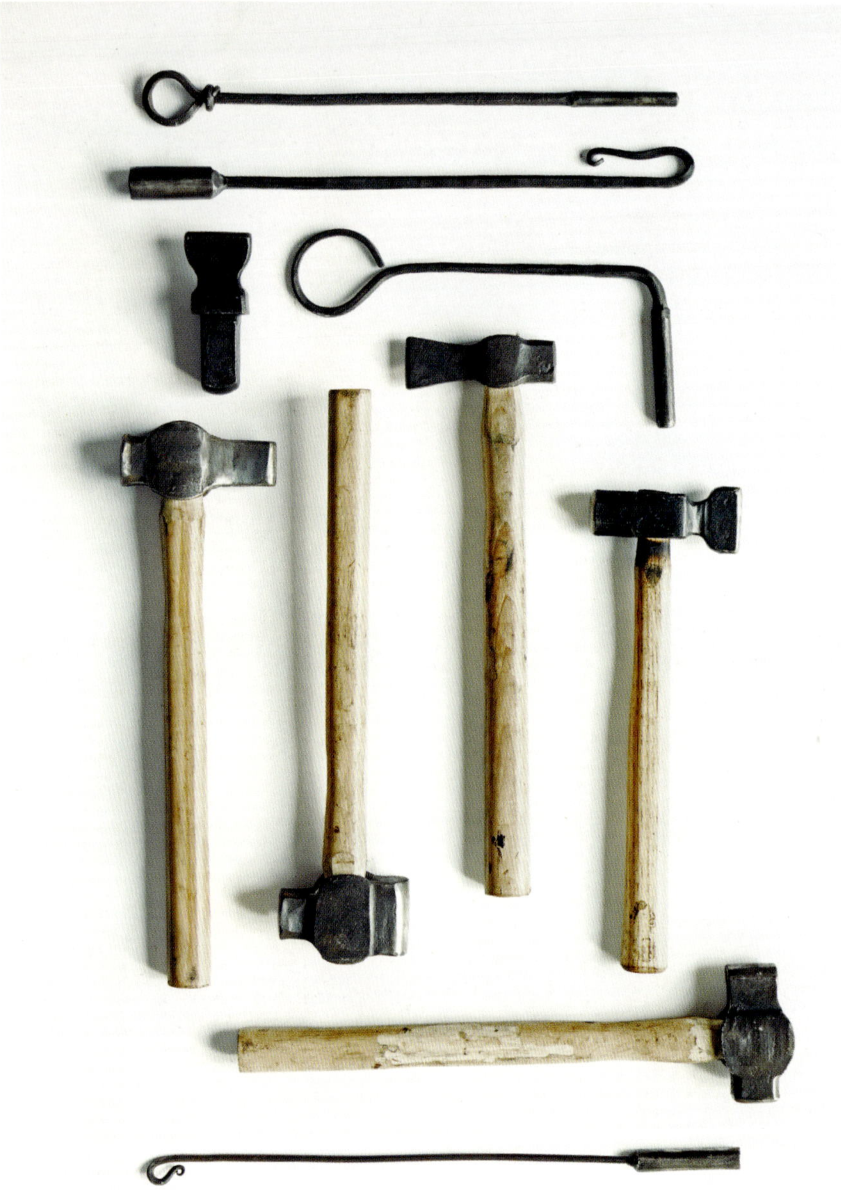

ANDERE MASCHINEN UND AUSRÜSTUNGSGEGENSTÄNDE

SCHWEIß- UND MONTAGETISCHE

Man kann gar nicht genug betonen, wie wichtig eine robuste und ebene Arbeitsoberfläche in der Werkstatt ist. Bei der Montage von Werkstücken benötigt man Bezugspunkte, damit alles waagerecht wird (wenn es das sein soll). Für uns ist bei den meisten Projekten der beste Bezugspunkt die ebene Fläche des Tischs, auf dem wir die Montage vornehmen. Wir haben hauptsächlich drei Arten von Montagetischen: mit Stahlplatte, mit Lochplatte und mit Gitter (nicht wirklich ein Tisch, aber mit ähnlicher Funktion).

Wir haben mehrere Stahltische unterschiedlicher Form und Größe und mit unterschiedlicher Plattendicke. Ein Vorteil von Stahlplatten ist, dass man den Entwurf direkt auf den Tisch zeichnen kann. Das kann vor allem bei kurzen Projekten, die den Tisch nicht lange belegen, wirklich Zeit sparen. Wird der Tisch aber gleichzeitig für zu viele Projekte genutzt, reibt sich die Zeichnung ab. Wichtige Zeichnungen, die wir behalten möchten, fixieren wir daher mit einer dünnen Schicht billigen Klarlacks.

Ein weiterer Vorteil von Stahltischen ist, dass man Befestigungen direkt auf den Tisch schweißen kann. Wir vermeiden dies zwar nach Möglichkeit, in manchen Situationen kann es aber sehr praktisch sein. Ein deutlicher Nachteil von Stahltischen ist, dass sich die Platte unter sehr heißen Werkstücken verziehen kann, wenn sie nicht sehr dick ist. Auch die Kosten eines Montagetischs sind nicht ohne. Jeder gute Tisch ist teuer, am kosteneffizientesten ist daher ein selbstgebauter Stahltisch mit stabilem Rohr- oder Profilrahmen.

Ein 3-D-Lochtisch ist ein Schweißtisch aus einer gusseisernen Platte auf einem tischhohen Untergestell. Ursprünglich für Industriebetriebe entworfen, ist die dicke gusseiserne Platte in regelmäßigen Abständen gelocht. Die Plattendicke beträgt 76–127 mm, damit sie sich auch unter großer Belastung nicht verzieht, und die Oberfläche ist völlig plan gearbeitet. Aufgrund ihrer hohen Stabilität und Hitzebeständigkeit sind solche Tische besonders gut für die Schmiedewerkstatt geeignet.

Unser 1,5 m × 2 m großer 3-D-Lochtisch mit gusseiserner Platte ist eines der wichtigsten Werkzeuge unserer Werkstatt. Wir nutzen ihn zum Biegen, Richten, für Entwürfe und zur Montage. Wir haben zudem viele Spann- und Befestigungsvorrichtungen und Werkzeuge, die wir in die Löcher einsetzen können. Mit den einfachen Niederhaltern, die wir aus 38-mm-Rundstahl selbst herstellen, lässt sich ein Werkstück schnell und einfach auf der Platte verspannen. Diese mit Spannung arbeitenden Halterungen erzeugen einen enormen Spanndruck und lassen sich mit ein paar Schlägen mit dem Vorschlaghammer leicht einsetzen und wieder lösen – einfachste Technik vom Feinsten. Um Werkstücke präziser zu fixieren, verwenden wir unterschiedlich große Schraubzwingen.

Unser 1,5 m × 2 m großer Lochtisch mit Schraubzwingen und Spangen und im Hintergrund ein 1 m × 3 m großer Stahltisch auf großen Rädern.

Zu den Nachteilen eines solchen Tischs gehören sicherlich der Preis und die eingeschränkte Nutzbarkeit für Entwürfe. Wir haben unsere Gussplatte vom Schrotthändler zum Schrottpreis bekommen, aber bei 1800 kg Gewicht war auch sie nicht preiswert. Dafür hält sie aber auch vermutlich ewig. Der größte Nachteil ist, dass man den Entwurf nicht direkt auf die Platte zeichnen kann. Wir zeichnen daher oft auf eine dünnere Stahlplatte, die wir auf den Tisch legen. Das funktioniert ganz gut, bis sie sich unweigerlich durch die heißen Werkstücke verzieht und wir den Abmessungen nicht mehr trauen können.

Für längere Projekte nutzen wir häufig Stahlgitter, sowohl alleine als auch in Kombination mit den anderen Tischen. Wir bauen alle Tische und Gittergestelle in derselben Höhe, sodass wir sie für größere Projekte zusammenstellen können. Unsere Gittergestelle fertigen wir extrem robust, wobei zu Doppel-T-Trägern geschweißte Stahlplatten die Arbeitsoberfläche bilden. Für kleinere Projekte nutzen wir sie auch unabhängig als Montagetisch.

Welche Art Tisch man benötigt, hängt natürlich auch von der Art der Projekte und dem vorhandenen Raum ab. Auf meinen Reisen habe ich Tische in allen Größen und Formen gesehen. Es gibt aber keinen Tisch, der für jede Art von Projekt geeignet wäre. Wir sind daher froh, verschiedene Tische zu haben, da jedes Projekt anders ist.

HÄRTEBECKEN/LÖSCHBECKEN

Das Härtebecken ist ein einfaches, aber grundlegendes Element jeder Schmiede. Selbst in der einfachsten Schmiede steht ein Zuber mit Wasser neben dem Schmiedefeuer. Da bei größeren und komplexeren Projekten häufig abgeschreckt werden muss, hat unsere Werkstatt mehrere Härtebecken unterschiedlicher Größe und Form, von einem 1219 mm × 254 mm × 508 mm großen Becken aus verzinktem Stahl bis hin zu einem 19-l-Eimer.

FLASCHENSCHRAUBSTOCK

Der Flaschenschraubstock, auch Schmiedeschraubstock genannt, ist in jeder Schmiede unerlässlich. Wir benutzen ihn, um Werkstücke zu fixieren, während wir sie verdrehen, stauchen, meißeln, biegen, richten, schleifen oder feilen. Schmiedeschraubstöcke sind extrem robust, um dieser täglichen Belastung standzuhalten. Man erkennt sie an ihrem Bein, das bis zum Boden reicht, wenn sie in Arbeitshöhe montiert sind. Das Bein absorbiert den Impuls der Hammerschläge und leitet ihn in den Boden ab, statt ihn auf die Werkbank zu übertragen. Durch einen unterhalb liegenden kräftigen Bolzen ist eine der beweglichen Backen lose gelagert. Sie bewegt sich beim Öffnen leicht um einen Drehpunkt, sodass die Backen beim Einspannen nicht automatisch parallel stehen und auch nicht völlig gerade Werkstücke halten können. Ist die Spindel festgezogen, hält der Druck die Spannbacken gerade.

Die besten Flaschenschraubstöcke sind geschmiedet, nicht gegossen. Sie sind viel haltbarer und resistenter gegen Schlagimpulse. Einen solchen Schraubstock zu schmieden ist allerdings eine sehr schwierige Aufgabe. Deshalb war er früher auch oft das Gesellenstück, das letzte Projekt, das ein Lehrling schmiedete, um seine Gesellenprüfung abzulegen und dann auf die Walz zu gehen.

Unsere Werkstatt verfügt über mehrere Flaschenschraubstöcke unterschiedlicher Form und Größe. Da man stets etwas sicher verspannen muss, sind sie durch die Werkstatt verteilt, wobei die größten in der Nähe des Schmiedebereichs stehen.

LOCH- UND GESENKPLATTE

Die Loch- und Gesenkplatte gehört zu den traditionellen Werkzeugen des Schmieds. Sie ist sehr vielseitig einsetzbar und wir verwenden sie häufig. Die Löcher eignen sich gut zum Lochen und Stauchen und um Material auszuformen. Die V-förmigen Aussparungen am Rand eignen sich gut für scharfe Winkel und zum Formen der Greifbacken von Zangen.

SCHWEIß- UND SCHLEIFGERÄTE

Schweißen und Schleifen sind nicht die angenehmsten Arbeiten in der Werkstatt, aber sie sind bei vielen Projekten wichtige Arbeitsschritte. Bei der Herstellung von Werkzeugen und Befestigungen sind moderne Metallbauverfahren häufig am besten geeignet. Es lohnt sich immer, etwas zu schmieden, aber wenn sich die gleiche Form durch eine andere Methode schneller erreichen lässt, wähle ich sie meist auch. Das gilt besonders für Auftragsarbeiten. Der Wert unserer Arbeit liegt ja darin, dass der Kunde solche Arbeiten nur beim Schmied bekommt – eben deutlich handgeschmiedete Arbeiten. Elemente, die nicht dafür bestimmt sind, geschmiedet auszusehen, sollten dann aber auch nicht so aussehen. Verwendet man Schmiedezeit auf solche unsichtbaren Teile, fehlt einem diese Zeit bei der Ausarbeitung feiner Schmiededetails, die sichtbar sein sollen. Daher nutzen wir andere Methoden für das, was unsichtbar bleibt, und schmieden die sichtbaren Teile.

Für diese Arbeiten haben wir verschiedene Schweißgeräte und ein paar tragbare Montagegeräte. Unser wichtigstes Schweißgerät ist eine MIG-Schweißanlage (Metall-Inertgasschweißen) mit eigener Stromquelle und einem an einem Ausleger montierten Drahtvorschubgerät. Überall da, wo der Ausleger nicht hinreicht, verwenden wir ein kleines, mobiles MIG-Schweißgerät. Daneben haben wir WIG-Schweißanlagen (Wolfram-Inertgasschweißen) und ein paar Elektroschweißgeräte, die wir aber nur selten nutzen. Das WIG-Schweißgerät kommt häufig zum Einsatz, wenn wir eisenfreie Metalle wie Siliziumbronze verwenden. Das Elektroschweißgerät nutzen wir, wenn wir alte schmiede- oder gusseiserne Objekte restaurieren. Für Montagearbeiten nutzen wir nur unsere mobilen MIG-Fülldraht-Schweißgeräte.

Zum Schleifen und Nachbearbeiten haben wir verschiedene Schleifgeräte sowie Handfeilen.

SÄULENBOHRMASCHINE

Unsere Bohrmaschine kommt ziemlich häufig zum Einsatz, da wir oft Nietverbindungen nutzen, selbst wenn Zeit und Budget eines Projekts ein Durchschlagen der Löcher nicht erlauben. Gebohrte Löcher mit Nieten sind ein netter Kompromiss, da sie weiterhin den Charme der mechanischen Verbindung vermitteln, ohne allzu zeitaufwendig zu sein. In vielen Fällen ist Bohren und Nieten ebenso schnell erledigt wie Schweißen und Säubern der Schweißnähte.

Unsere Säulenbohrmaschine stammt aus Portugal und wurde Mitte der 1980er-Jahre produziert. Sie lässt sich sehr variabel einstellen und hat einen großen Drehzahlbereich. Sie hat ein Getriebe und keinen Riemenantrieb, was für uns ihr größter Vorteil ist, da es unter großer Belastung nicht durchrutscht.

BANDSÄGE

Da jede Stange, die wir schmieden, auch zugeschnitten werden muss, ist unsere horizontale Metallbandsäge vermutlich das beliebteste Werkzeug der Werkstatt. Es ist eine Nassschnitt-Gehrungsbandsäge mit Hydraulik. Sie ist nicht die schönste Maschine der Welt, aber ich wüsste nicht, was wir ohne sie tun würden. Eine gut kalibrierte Säge, die gleichmäßige Schnitte erzeugt, ist im Metallbau unerlässlich.

Die vertikale Bandsäge ist ebenfalls sehr nützlich, wenn auch nicht ganz so notwendig wie die horizontale. Wir nutzen unsere zum Schneiden ungleichmäßig geformter Teile sowie für gebogene und tiefe Schnitte.

Was die Vielseitigkeit angeht, ist unsere tragbare Bandsäge unschlagbar. Unsere Akku- und Kabelversionen kommen täglich zum Einsatz. Sie sind vor allem bei Installationen vor Ort ungemein praktisch und vielseitig.

WEITERE MASCHINEN

Über die Jahre haben wir bei Insolvenzversteigerungen und auf dem Schrottplatz viel gefunden und so eine hübsche Sammlung an Maschinen erworben. Einige mussten wir zerlegen und Teile nachkaufen. Manche haben wir für den Schmiedebetrieb umgerüstet, die meisten sind aber so wie gekauft.

Eine dieser Maschinen ist eine 36 t hydraulische Walzenbiegemaschine. Sie erlaubt das Kaltbiegen von Stahlstangen mit konstantem Radius, statt sie erhitzen und aus der freien Hand formen zu müssen. Auch hier gibt uns die Maschine, die konsistente Ergebnisse erzielt, die Freiheit, an anderer Stelle aufwendigere Schmiedearbeiten durchzuführen und so ein Projekt insgesamt wertiger zu gestalten, ohne andererseits Qualitätseinbußen zu riskieren.

Daneben haben wir eine 50-t-Lochstanze, der die Ausklinkeinheit fehlte. Statt sie zu ersetzen, haben wir uns eine Vorrichtung gebaut, die es uns erlaubt, auch Vierkantstahl von bis zu 76 mm Dicke warm zu lochen. Warm gestanzte Löcher sind ein wichtiger Teil unseres Designstils, von Hand ausgeführt aber sehr zeitaufwendig und arbeitsintensiv. Eine eigens dafür eingerichtete Lochstation erlaubt uns, den Prozess zu straffen und mehr gestanzte Löcher in unsere Arbeiten zu integrieren.

Wir haben verschiedene Bankschleifmaschinen, Bandschleifmaschinen und andere kleine Maschinen, für die wir ständig kreative neue Einsatzmöglichkeiten finden.

JP arbeitet ein Werkstück nach. Im Hintergrund sieht man unsere Walzenbiegemaschine.

WERKZEUG-STÄNDER

Die ordentliche Aufbewahrung des Werkzeugs ist in jeder Werkstatt wichtig. Arbeiten mehrere Leute gleichzeitig, muss jeder wissen, wo er was findet. Ein guter Schmied feilt nicht nur ständig an seiner Technik, sondern versucht auch seine Werkzeuge und seine Arbeitsumgebung zu optimieren. Aber all das Werkzeug will auch aufbewahrt werden. Gute Werkzeugständer machen daher den Unterschied zwischen einer kleinen, vollgestellten Werkstatt und einer Werkstatt aus, in der man kreativ arbeiten kann.

Wir versuchen die Ständer immer möglichst nah an dem Ort stehen zu haben, wo das jeweilige Werkzeug gebraucht wird. Je einfacher es ist, ein Werkzeug wegzuräumen, desto häufiger findet es auch seinen angestammten Platz. So haben wir direkt am Maschinenhammer einen Ständer für sein Werkzeug, damit es immer nur eine Armlänge weit entfernt ist.

TECHNIKEN

HE IS A POOR CRAFTSMAN WHO BRINGS HIS HEATED IRON BELOW THE HAMMER WITH NO CLEAR IDEA IN HIS HEAD AS TO WHAT HE INTENDS TO DO FIRST.

„Nur ein schlechter Schmied bringt sein heißes Eisen unter den Hammer, ohne eine klare Vorstellung davon zu haben, was er eigentlich tun will."
aus J.W. Lillico, *Blacksmith's Manual Illustrated*

PLANUNG

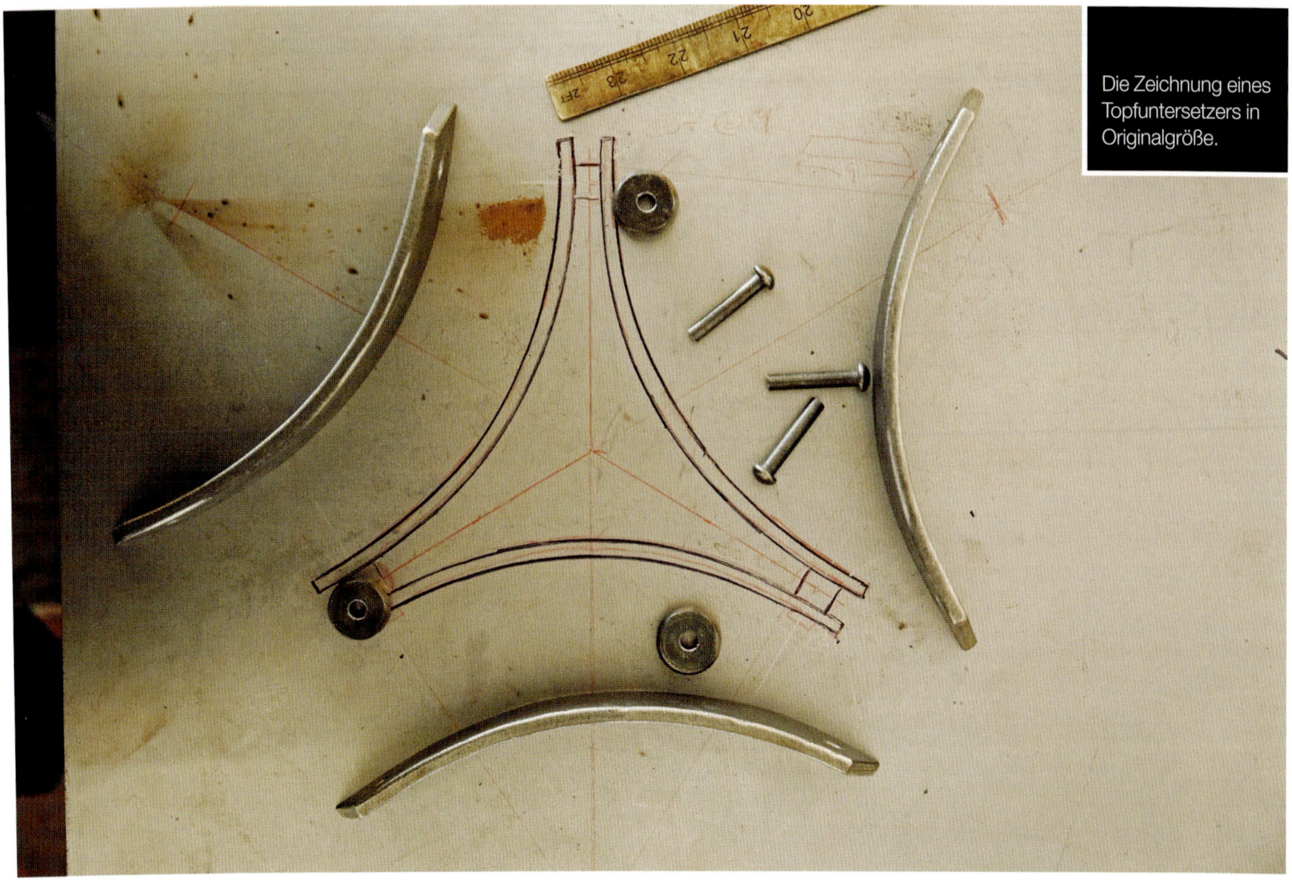

Die Zeichnung eines Topfuntersetzers in Originalgröße.

Der erste Schritt in jedem halbwegs umfangreichen Projekt ist ein klarer Konstruktionsplan in voller Größe. Anders als in der Tischlerei, wo man es meist mit geraden Linien, rechten Winkeln und gleichmäßigen Abständen zu tun hat, ist dekoratives Schmiedewerk ein individuelles Design, das maßstabsgetreu gezeichnet werden muss. Um bei unserem Beispiel zu bleiben: Während ein Tischler Bretter zuschneidet und zusammenfügt, muss ein Schmied seine Bretter (in unserem Fall Stangen) erst einmal herstellen. Bei den meisten Architekturprojekten wie Toren und Geländern besteht die Arbeit zu gleichen Anteilen aus Schmieden und Montage. Ein Konstruktionsplan im Maßstab 1:1 dient dabei als Vorlage für die Teile und ihren Zusammenbau.

Ich arbeite am liebsten an einem großen, ebenen Montagetisch. Man kann seine Pläne direkt auf den Tisch, auf ein loses Stahlblech oder sogar auf den Boden zeichnen. Am besten sind nicht brennbare Oberflächen, sodass man die heißen Stangen direkt auf den Plan legen kann, ohne dass er in Flammen aufgeht. Damit die Linien in einer geschäftigen Schmiede nicht verwischt werden, übersprüht man sie am besten mit Firnis.

Viele Schmiede verwenden auch weiße Holz- oder MDF-Platten, weil man sie leicht versetzen und für neue Projekte übermalen kann. In diesem Fall muss man nur sehr aufpassen, dass die heißen Werkstücke nicht in Kontakt mit der Zeichenoberfläche kommen und die Zeichnung verbrennen.

Bei der Übertragung eines Plans vom Papier auf die Unterlage können sich viele Fehler einschleichen. Deshalb muss man in dieser Phase des Projekts besonders genau arbeiten und darauf achten, dass man auch richtig misst. Ein Fehler führt hier schnell zu doppelter Arbeit. Das ist auch der Grund, warum viele professionelle Schmiede und Konstrukteure zunehmend zu Großformat-Plottern greifen, um ihre Konstruktionspläne in vollem Maßstab auszudrucken. Das macht Fehler deutlich seltener und wenn man die Zeichnung aus Versehen verbrennt, druckt man sie einfach neu aus.

FREIFORMSCHMIEDEN

Unter Freiformschmieden versteht man jede Schmiedearbeit an einem Amboss mit einem Handhammer und/oder Zuschläger. Sie werden mit der Zeit feststellen, dass Sie die verschiedensten Werkzeuge und Gerätschaften, wie Maschinenhämmer und Pressen, für die gleiche geschmiedete Form verwenden können. Wenn Sie aber direkt an die Maschinen gehen, ohne die händische Arbeit völlig verstanden zu haben, werden Sie den Vorgang niemals vollständig beherrschen.

Ein solides Verständnis von der Arbeit am Amboss ist ein entscheidendes Element des Schmiedens und Sie können jederzeit dahin zurückkehren, egal, wie sich Ihre Arbeit entwickelt. In meiner Werkstatt erledigen wir viele der Grobarbeiten mit Maschinen und gehen für die Feinarbeiten an den Amboss. Wenn man die Maschinen harmonisch in die Abläufe einbindet, kommt man schnell voran, ohne dass die Kreativität leidet.

FREIHANDFORMEN

Die Evolution des fertigen Stücks durchläuft vier Stufen: Schmieden, Formen, Zusammenbau (wenn es mehrere Teile enthält) und Oberflächenbearbeitung. Beim Schmieden erhält das Material einen anderen Querschnitt. Nachdem es auf die gewünschte Größe geschmiedet wurde, muss es häufig in eine andere Form gebogen oder gedreht werden. Das Schmieden und das Formen erfolgen oftmals gleichzeitig, aber es sind zwei eigenständige Prozesse. Das Formen kann entweder aus der freien Hand oder mithilfe von Schablonen oder Einspannvorrichtungen geschehen. Manchmal muss das Stück auch einfach begradigt werden, weil es sich beim Schmieden verformt hat.

Zum zweidimensionalen Formen kann man einen Bauplan verwenden. Das dreidimensionale (3-D) Formen ist komplizierter und erfordert eine gewisse Finesse und ein geschultes Auge, weil man oftmals nur wenige Referenzpunkte hat, die einen beim 3-D-Formen leiten. Der Schmied ist hier auf sein Verständnis von Maßstab, Dimensionen, Proportionen und anderen abstrakten Eigenschaften angewiesen. Das macht das 3-D-Formen für viele Schmiede zu einer großen Herausforderung.

Es gibt zahlreiche Werkzeuge, die beim Formen in drei Dimensionen helfen können, und die meisten Schmiede haben hier ihre ganz eigenen Vorlieben. Ich selbst verwende gerne Ambossgabeln für 3-D-Arbeiten. Sie sind vielseitig einsetzbar und dienen zusammen mit dem Hammer oder einer Ziehgabel zum Herstellen von Knicken. Indem Sie das Werkstück in der Gabel drehen, können Sie es auch winden oder auch schnell die Biegerichtung ändern. Ich nutze auch häufig die Spindelpresse mit einem dreispitzigen Gesenk und einem konischen Biegedorn.

John Winer formt mithilfe eines Biegedorns eine lange Biegung. Der Dorn ist ein sehr praktisches Werkzeug für dreidimensionale Formen.

Das Problem mit dem 3-D-Biegen ist, dass man sehr leicht Fehler machen kann. Es gibt kein besonderes Werkzeug und keine Schablone, die Augenmaß und Erfahrung ersetzen könnten. Viele Schmiede lehnen Projekte mit 3-D-Formen ab, um dieses Problem zu vermeiden. Andere, wie Albert Paley, John Medwedeff und Michael Dillon, arbeiten viel in 3-D und sind sehr gut darin. Es braucht sehr viel Übung, die einem aber auch zu einem viel tieferen Verständnis von den Grenzen des Metalls verhelfen kann.

ARBEIT AM MASCHINENHAMMER

Die Welt, in der die großen Meisterschmiede wie Samuel Yellin oder Alessandro Mazzucotelli ihre Meisterwerke schufen, war ganz anders als heute. Ihre Werke entstanden zu einer Zeit, in der Fachkräfte billig und zahlreich waren. Heute ist es weder wirtschaftlich sinnvoll, noch ethisch vertretbar, billige Arbeitskräfte wie noch vor 100 Jahren auszubeuten. Also muss der moderne Schmied sich der Technologie bedienen, um seine Arbeit zu machen.

Natürlich versuchen wir immer noch möglichst viele enthusiastische Schmiede zu beschäftigen. Das American College of Building Arts (ACBA) hier in Charleston bietet einen vierjährigen Studiengang im architektonischen Schmieden an. Die Hochschule vermittelt dabei ein solides Grundwissen im Schmieden, technischen Zeichnen und sogar Denkmalschutz. Wir bieten in Zusammenarbeit mit dem ACBA Praktika an und übernehmen gelegentlich auch Absolventen in Vollzeit. Es gibt in den USA nur sehr wenige solche Studiengänge und wir schätzen uns glücklich, dass dies in unserer Heimatstadt der Fall ist.

Neben reichlich qualifizierten Arbeitskräften hatten die alten Meister auch den Vorteil, vorwiegend mit Schmiedeeisen arbeiten zu können. Verglichen mit unserem heutigen Stahl ist Schmiedeeisen viel leichter schmiedbar und auch seine Bearbeitung erfordert weniger Energie. Der moderne Schmied bedient sich heute einer Maschine, um so viel Metall zu bewegen, wie nur irgend möglich, und diese Maschine ist in den allermeisten Fällen ein Maschinenhammer.

Die Bedeutung des Maschinenhammers für den heutigen Schmied ist kaum zu überschätzen. Ohne ihn könnte er kaum größere Arbeiten alleine fertigstellen. Der Maschinenhammer ist eine der wichtigsten technischen Entwicklungen unserer Zeit und die meisten Schmiede begegnen ihrem Hammer mit Respekt und Verehrung, indem sie ihn akribisch warten, ihm einen Namen geben und sogar bunt lackieren. Maschinenhämmer dienen dazu, große Stangen schnell zu schmieden, und sie verzeihen keine Fehler. Man muss immer mit voller Konzentration und Sorgfalt arbeiten und auf die eigene Sicherheit und die Qualität der Arbeit achten.

Es gibt zwei Hauptformen des Schmiedens am Maschinenhammer: Freiformschmieden und Gesenkschmieden. Beim Freiformschmieden schmiedet man heiß zwischen zwei meist flachen, nicht umschlossenen Schmiedesätteln. Beim Gesenkschmieden schmiedet man heiß zwischen zwei komplett umschlossenen Gesenken und produziert so wiederholt identische Formen. Der moderne Schmied nutzt meist Freiformtechniken, greift aber gelegentlich auch unter Zuhilfenahme vorgefertigter oder selbst entworfener Gesenke zum Gesenkschmieden.

Das Entscheidende ist hier, dass man jede Form, die man mit Hammer und Amboss erzeugen kann, auch mit einem Maschinenhammer herstellen kann. Der Obersattel dient dabei als Hammer und der Untersattel als Amboss. Mit unterschiedlich geformten Sätteln kann man das Material treiben, weiten und biegen, um die unterschiedlichsten Formen zu erzeugen, die andere Schmiede mit flachen Sätteln, Hammerwerkzeugen und Gesenkplatten herstellen. Für mich sind die vielseitigsten Sättel groß, flach und haben abgerundete Kanten. Eine gut ausgestattete Schmiede besitzt meist mehrere Maschinenhämmer mit unterschiedlichen Sätteln für unterschiedliche Arbeiten, sodass man schnell zwischen den Arbeitsschritten wechseln kann, ohne den Sattel wechseln zu müssen.

Schmiede haben oftmals Hunderte oder sogar Tausende von Hammerwerkzeugen und Schmiedesätteln. Die Ergebnisse einer Suche nach Werkzeugideen können auf den ersten Blick überwältigend sein, dabei kann man schon mit einigen einfachen Grundwerkzeugen, die man an einem Nachmittag herstellen kann, viele verschiedene komplexe Arbeiten erledigen.

Eines meiner vielleicht am häufigsten eingesetzten Werkzeuge ist ein Schlichthammer mit einer gewölbten Bahn, den ich sowohl zum Schlichten als auch zum Treiben verwenden kann. Indem ich ihn wende, kann ich das Material schnell treiben und dann glätten. Das Werkzeug ist viel kleiner als der Obersattel und konzentriert dadurch die Schlagenergie so, dass man viel Material auf einmal bewegen kann. Einer der größten Nachteile von flachen Sätteln ist, dass man beim Schmieden von Werkstücken mit nicht parallelen Seiten, wie bei einer sich verjüngenden Stange, ungleichmäßige, abgestufte Flächen erhält. Mit einer runden Hammerbahn kann man die gegenüberliegende gerade Bahn glatt auf die geneigte Oberfläche des Werkstücks auflegen und die Fläche schlichten.

Ein weiteres wichtiges Werkzeug ist der Kehlschrot, der ein dreieckiges Profil besitzt und dazu dient, präzise Absätze im Material zu schaffen.

Das dritte Werkzeug ist der Abschrot, eine schärfere Version des Kehlschrots, die dazu dient, Material präzise abzutrennen. Mit dem Abschrot kann man ein Werkstück kürzen und weiterarbeiten, ohne darauf warten zu müssen, bis es abgekühlt ist, um es sägen zu können. Diese drei Werkzeuge sollten alle sehr dünne Griffe von höchstens 9 mm Durchmesser haben. Diese dünne Ausführung kann dem Schmied viele Schmerzen ersparen, wenn er das Werkzeug einmal nicht gerade angesetzt hat, weil dann eher der Griff knickt als der Arm.

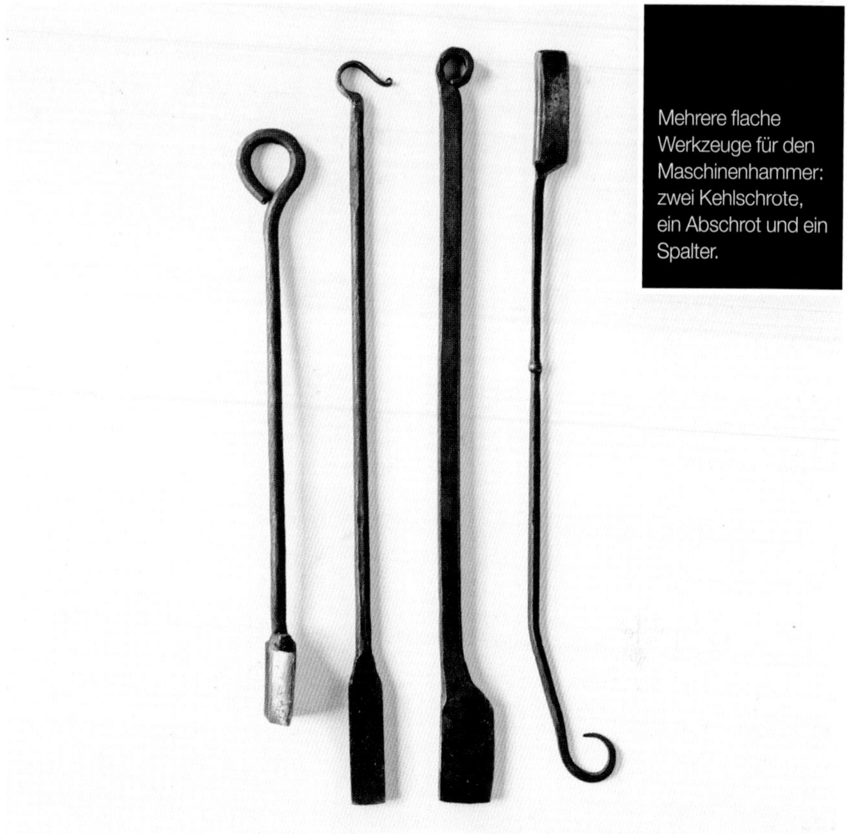

Mehrere flache Werkzeuge für den Maschinenhammer: zwei Kehlschrote, ein Abschrot und ein Spalter.

Einer der größten Vorteile der Arbeit mit dem Maschinenhammer ist der, dass man ein Werkstück mit weniger Hitze als bei der Arbeit von Hand oder sogar mit einem Zuschläger erstellen kann. Das spart nicht nur Zeit und Geld, sondern sieht am Ende auch noch besser aus. Viele von modernen Schmieden gefertigte Formen zeigen Materialabschnitte, die nicht direkt unter dem Werkzeug entstanden sind, wie zum Beispiel die Aufwölbung um ein aufgedorntes Loch. Da diese Oberflächen nicht umgeschmiedet oder planiert werden können, muss man sie vor dem Überhitzen schützen, und der beste Weg, dies zu tun, besteht in möglichst wenig Hitze. Durchdachte Planung und die geeigneten Werkzeuge helfen, dieses Ziel zu erreichen.

Hat man einmal den sicheren Umgang mit dem Maschinenhammer erlernt, eröffnen sich nahezu unbegrenzte Möglichkeiten. Da man sämtliche Werkzeuge selber herstellen kann, überrascht es kaum, dass Schmiede immer neue Formen entwerfen. Sattelaufnahmen mit Werkzeughaltern sind äußerst praktisch und erleichtern die Arbeit, indem sie das Werkzeug sicher halten. Beständige Innovationen bei den Werkzeugen ermöglichen immer wieder Formen, die zuvor als zu zeitaufwendig für ein Projekt angesehen wurden, und bringen das Handwerk voran.

LOCHEN

Vor der Erfindung des Bohrers gab es nur eine Möglichkeit, ein Loch in ein Stück Eisen zu machen: Man musste es durchschlagen. Dazu treibt man einen sogenannten Durchschlag durch das heiße Eisen und weitet das Loch mit einem Dorn auf. Heute haben wir viele Möglichkeiten, ein Loch durch ein Stück Stahl zu treiben, indem wir es stanzen, bohren oder mit Laser oder Plasma schneiden. Sie alle erfordern wenig Kraft und sind sehr präzise. Aber das Einschlagen ins heiße Material hat zwei große Vorteile: Ästhetik und Stabilität. Die meisten eingeschlagenen Löcher sind nach dem Aufdornen von einer sehr attraktiven Aufwölbung umgeben. Dieser Wulst entsteht dadurch, dass das Material aus dem Loch verdrängt statt entfernt wird, wie das bei den modernen Methoden der Fall ist. Da rund um das Loch mehr Material stehen bleibt, ist das Werkstück zudem stabiler. Ein anderer Vorteil ist die Schnelligkeit: Wie beim Heißschroten muss man nicht erst warten, bis der Stahl abgekühlt ist.

Es gibt Durchschläge und Lochhämmer mit verschiedenen Formen, um dem Loch den gewünschten Umriss und die richtige Größe zu geben. Die Geometrie des Durchschlags oder Lochhammers wird gerne und oft diskutiert, aber am Ende kommt es auf die persönlichen Vorlieben an, da jede Form ihre ganz eigenen Vor- und Nachteile besitzt. Da ich in England gelernt habe, verwende ich meistens Schlitzhämmer, da die Engländer traditionell fast ausschließlich diese Form nutzen. In Israel und vielen amerikanischen Werkstätten verwenden die Schmiede Schlitzhämmer offenbar für die unterschiedlichsten Arbeiten. Es gibt keinen besten Durchschlag für alle Aufgaben, deshalb ist es immer eine gute Idee, eine Auswahl zur Hand zu haben.

Neben der Form der Spitze gibt es auch viele Möglichkeiten beim Festhalten und Treiben eines Durchschlags.

Am einfachsten macht man ein Loch in den Stahl, indem man den Durchschlag mit einer Hand hält und mit dem Hammer draufschlägt. Gerade für größere Werkstücke bevorzugen viele Schmiede einen Lochhammer mit Holzgriff oder eine Zange zum Halten des Durchschlags. Unter dem Maschinenhammer verwendet man Durchschläge mit Stiel. Viele Schmiede setzen auch hydraulische und Spindelpressen zum Lochen ein.

AUFDORNEN

Unter Aufdornen versteht man das Weiten eines Lochs auf die gewünschte Größe mithilfe eines speziellen Dorns. Der Dorn ist ein spitz zulaufendes Werkzeug, das das Loch nach und nach weitet. Es gibt Dorne in Rund, Eckig, Oval und jeder anderen Form, die für die jeweilige Aufgabe benötigt wird. Normalerweise dornt man das Loch am Amboss entweder von Hand oder mit mithilfe eines Zuschlägers auf, man kann aber auch einen Maschinenhammer oder eine Presse verwenden. Der Stahl muss rund um das Loch fest aufliegen, damit man nicht zu viel Material durch das Loch streckt, es sei denn, genau das ist gewünscht. Der Dorn muss nicht besonders hart sein, meistens reicht ein Schmiedestahl völlig aus. Er muss aber so glatt wie irgend möglich sein, weil beim Durchtreiben sehr viel Reibung entsteht. Durchschlag und Dorn können auch in einem Werkzeug kombiniert sein.

Hier ein Beispiel für das Aufdornen eines Schlitzes zu einem rechteckigen Loch mit einem rechteckigen Durchschlag.

KEHLEN, STRECKEN UND ABSETZEN

Hier wird der Stahl am Amboss mit einem Kehlhammer zusammen mit dem Zuschläger gestreckt.

Hier wird Material unter dem Maschinenhammer mithilfe eines Federgesenks isoliert.

Mit Ober- und Unterteil des Ballhammers lassen sich am Maschinenhammer spannende Formen erzeugen.

Hier die Nahaufnahme einer Arbeit von John Winer. Ein großartiges Beispiel für die Arbeit mit dem Kehlhammer.

Trifft eine glatte Fläche auf das erhitzte Metall, wie die flache Hammerbahn oder der flache Sattel des Maschinenhammers, wird das Metall in alle Richtungen verdrängt. Trifft eine gerundete Fläche auf die Oberfläche, wie ein Kehlhammer, ein Kehleinsatz oder die Finne eines Hammers, lässt sich das Metall in eine Richtung verdrängen, in diesem Fall lotrecht zur Ausrichtung der Finne.

Absetzen ist eine Technik, die häufig für skulpturale Formen verwendet wird. Die spitze Form des Kehlhammers kann beim Auftreffen auf das Metall starke Querschnittsveränderungen hervorrufen und Material deutlich verdrängen. Die Wucht des Treffers hinterlässt eine tiefe Textur, die entweder mit dem Schlichthammer geglättet wird oder als Gestaltungsmerkmal erhalten bleiben kann. Solche Texturen und Formen finden sich an vielen Werken moderner Schmiede, aber selten an traditionellen Schmiedearbeiten. Obwohl Schmiede auch früher oft zum Kehlhammer griffen, glätteten sie die Arbeiten traditionell nach dessen Einsatz.

Während die Rundung am Obersattel des Maschinenhammers oder an der Finne des Hammers zum Befestigen des Metalls praktisch sind, ist ein Handhammer ideal, um einen einzelnen, tiefen Eindruck im Metall zu hinterlassen oder Material abzusetzen. Die stilistischen Möglichkeiten, die derart bearbeitete Abschnitte bieten, sind praktisch endlos und genau deshalb ist diese Technik in all ihren Ausprägungen für den modernen Schmied so faszinierend.

VERJÜNGEN UND HERUNTERSCHMIEDEN

Verjüngen ist die grundlegendste Schmiedetechnik und je nach persönlichem Stil vielleicht auch die am häufigsten verwendete. Beim Verjüngen wird der Stahl gestreckt und gleichzeitig nach und nach der Querschnitt des Schmiedestücks verringert. Eine verjüngte Spitze lässt eine Stahlstange sehr elegant wirken, obwohl es natürlich auch andere, ästhetisch ansprechende Spitzenformen gibt. Beim Verjüngen wird am Maschinenhammer mit Schlicht- oder Kehlsätteln in zwei verschiedene Richtungen gearbeitet.

Hier wird ein Vierkantstahl unter dem Maschinenhammer verjüngt.

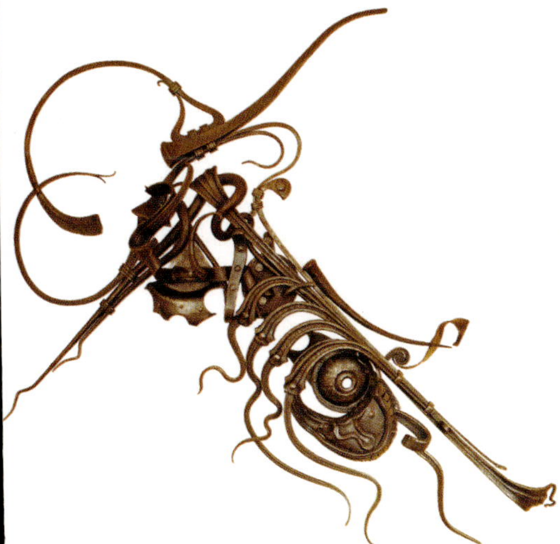

Conception through Assention von John Winer. Wandskulptur mit vielen sich verjüngenden Stäben und einer Vielzahl anderer Formen, die eine einzigartige Ästhetik erzeugen – ein schönes Stück. Solch filigrane Verjüngungen erfordern eine sehr kontrollierte Schmiedearbeit.

STAUCHEN

Stauchen ist im Prinzip das Gegenteil von Strecken. Der Werkstoff wird praktisch zusammengedrückt und die Stablänge dadurch verringert. Da das Material ausweichen muss, kommt es am Ende des Stabs zur Wulstbildung. Es gibt zwar diverse strukturelle Gründe für das Stauchen, häufig geschieht es aber aus rein ästhetischen Überlegungen. Wie ein verjüngtes, so ist auch ein gestauchtes Ende ästhetisch ansprechend. Durch Stauchen kann aber auch gezielt in der Mitte eines Stabs Umfang gewonnen werden. Dazu werden beide Enden des Stabs vor dem Stauchen abgeschreckt, wodurch sich der Stab in der Mitte tonnenförmig ausformt und nicht am Ende.

Hier wird der Vierkantstahl auf einem Amboss gestaucht. Die Masse des Stabs wirkt hier wie ein Hammer.

Ein ausgefallener Lampenfuß von James Price. Der Ring entstand durch kräftiges Stauchen eines Rundstahls, wodurch sich ein dicker Wulst bildete.

VERZAPFEN

Die Zapfenverbindung ist ein wichtiges Gestaltungsmerkmal viele moderner Arbeiten, wie auch vieler Projekte in diesem Buch. Durch die beschriebenen Loch- und Weittechniken entsteht das Zapfenloch, das alternativ auch gebohrt werden kann, was vom künstlerischen Standpunkt aus aber weniger ansprechend ist. Der Zapfen ist praktisch eine Niete, die am Ende eines Stabs sitzt und zum Fügen zweier Stäbe dient.

Die Zapfenherstellung erfolgt in mehreren Schritten und bedarf etwas Übung. Als Erstes müssen eine Zapfenschulter, also ein Absatz, und die Länge des Zapfens geschmiedet werden. Die Zapfenschulter ist das hintere Ende der Verbindung und sollte absolut rechtwinklig zum Zapfen gearbeitet sein. Sie wird gleichmäßig von allen Seiten mit einem Abschrot, einem scharfkantigen Kehlwerkzeug, am Amboss oder unter dem Maschinenhammer geformt.

Sobald der Zapfen am Ende des Stabs abgesetzt ist, muss er in die dem Zapfenloch entsprechende Form gebracht werden. Das kann von Hand oder am Maschinenhammer geschehen. Für die Feinarbeiten kommt häufig wieder ein Gesenk in passender Größe zum Einsatz.

Der letzte Schritt ist die Feinbearbeitung der Zapfenschulter mit Hammer oder Spezialwerkzeug, damit sie wirklich völlig plan ist. Falls nötig, kann die Schulter auch noch mit der Feile nachgearbeitet werden.

Sobald der Zapfen fertig ist, wird er durch das Zapfenloch geführt und wie eine Niete durch Hämmern gebreitet. So entsteht eine stabile Verbindung.

Ein Gesenk zum Einkerben unter dem Maschinenhammer. Es hat zwei Führungsstifte, damit Ober- und Unterteil genau ausgerichtet bleiben.

Im Zapfengesenk werden die Zapfen auf die gewünschte Dicke geschmiedet. Dies ist ein einfaches Gesenk mit Führungen.

Hier der letzte Schritt der Zapfenherstellung. Die Zapfenschulter, der Absatz, wird sauber abgerichtet.

TREIBEN

Treiben bezeichnet das Einbringen von dekorativen Linien und Einkerbungen in die Metalloberfläche mithilfe von Meißeln und Kehlhämmern. Dies kann von Hand, unter dem Maschinenhammer oder an der Presse geschehen. Das Treiben ist eine weit verbreitete und sehr alte Schmiedetechnik, die aber auch in der modernen Schmiedearbeit ihren Platz hat.

REPOUSSÉ-TECHNIK

Die Repoussé-Technik ist eine spezielle Form des Treibens, bei der das Werkstück abwechselnd von der Vorder- und der Rückseite bearbeitet wird. Sie wird normalerweise mit traditionellem Kunsthandwerk in Verbindung gebracht, bietet aber auch dem modernen Schmied viele kreative Anwendungsmöglichkeiten. Dies kann je nach Material und Härtungsgrad im kalten oder warmem Zustand geschehen. Mithilfe dieser Technik lassen sich wunderbar Elemente aus anderen Metallen, wie etwa Kupfer oder Bronze, in Entwürfe integrieren.

Matt arbeitet mit klassischer Repoussé-Technik an einer Kobold-Maske aus Kupfer.

NIETEN

Große, von Steve Howell handgeschmiedete Niete.

Der Hund von Professor Adrian Legge, dem Leiter der Schmiedeabteilung an der National School of Blacksmithing im englischen Hereford, heißt „Rivet", Englisch für „Niet". Laut Adrian hat er diesen Namen, weil der Niet das Praktischste ist, was es in der Schmiedewerkstatt gibt.

Der Niet ist eine der ältesten und kräftigsten Befestigungen. Er schafft eine ständige Verbindung zwischen zwei Oberflächen und kann sowohl Zug- als auch Scherkräften gut standhalten. Es gibt unterschiedliche Arten von Nieten, wobei in der modernen Schmiede vor allem der Vollniet genutzt wird. Vollnieten gibt es schon seit Jahrtausenden. Verbrieft sind sie bis in die Bronzezeit, aber vermutlich sind sie noch älter. Ein Vollniet ist bis heute die sicherste mechanische Verbindung zwischen zwei Bauteilen.

Während der Industriellen Revolution wurden Vollniete allgemein üblich, da Stahlkonstruktionen durch die Massenproduktion von Baustahl immer größer gebaut werden konnten. Der klassische Vollniet hat einen gewölbten Kopf und einen zylindrischen Schaft. Beim Vernieten wird der Schaft auf formbare Temperatur erhitzt und an einem Ende gestaucht, um die zwei Teile zu verbinden. Kühlt der Niet ab, zieht er sich zusammen, wodurch die Verbindung noch fester wird.

Kleinere Niete können kalt gehämmert werden – vor allem, wenn sie vorher gehärtet wurden.

Auch ästhetisch gesehen ist der Niet weiterhin ein fast universell bekanntes Symbol für industrielle Stärke und Haltbarkeit. Viele der weltweit berühmten Beispiele außergewöhnlicher Ingenieurskunst sind von ihren genieteten Bauteilen geprägt. Von der Golden Gate Bridge bis zum Eiffelturm steckt unsere Welt voller genieteter Konstruktionen, die sich durch Schönheit und Beständigkeit auszeichnen.

Heute gibt es viele Möglichkeiten, Metallteile zu verbinden. Aber Schmiede nutzen Niete auch aus dekorativen Gründen und aus Stolz auf ihr Handwerk. Ein Niet ist ein Symbol für Stärke und Präzision. Für den modernen Schmied ist der Niet eine grundlegende Form, eine Hommage an die Schmiedemeister der Vergangenheit, die von purer Handwerkskunst zeugt.

Dieser Stahlträger wird bei Ballard Forge, Steve Howells Werkstatt in Seattle, mit einer großen hydraulischen Nietmaschine vernietet.

FEUERSCHWEIẞEN

Bis zur Erfindung des elektrischen Schweißens Ende des 19. Jahrhunderts war das Feuerschweißen die einzige Möglichkeit, zwei Metallstücke miteinander zu verschweißen. Schmiede haben diese Technik seit Beginn der Eisenzeit verwendet. Feuerschweißen ist – einmal beherrscht – recht einfach, aber gleichzeitig schwer, da man ganz spezifische Parameter einhalten muss.

Die zu verschweißenden Eisenteile müssen weißglühend erhitzt werden. Bei dieser Hitze beginnt die Oberfläche zu schmelzen. Die geschmolzenen Teile werden dann mit leichten Schlägen zusammengehämmert, bis sie sich zu einem Teil verbinden. Da beim Feuerschweißen ein Teil des Materials verbrennt, kann es leicht passieren, dass die Schweißstelle zu dünn wird. Diesem Schrumpfen kann man entgegenwirken, indem man beide zu verschweißenden Oberflächen vor dem Schweißen staucht.

Feuerschweißen ist eine praktische Technik und mit entsprechender Übung gelingt es in bestimmten Situationen schneller als das elektrische Schweißen. Man kann Zeit sparen, wenn man Teile am Amboss verschweißt, statt sie abkühlen zu lassen, die Verbindung vorzubereiten, zu schweißen und dann zu schleifen.

OBERFLÄCHENBEHANDLUNG

Die Nachbearbeitung macht den Unterschied zwischen einer guten und einer großartigen Arbeit. Geschmiedeter Stahl kann mit unzähligen Verfahren nachbearbeitet werden. Verschiedene Projekte verlangen unterschiedliche Finishes. Man sollte sich also nie nur auf eine Methode versteifen.

Bei Innenarbeiten gibt es wesentlich mehr Möglichkeiten, da die Korrosionsgefahr weit geringer ist als im Außenbereich. In den meisten Klimata wird Stahl aber rosten, wenn er unbehandelt bleibt, selbst in Innenräumen. Daher ist die wichtigste Form der Nachbehandlung der Rostschutz, aber aus dieser Notwendigkeit heraus sind viele sehr schöne Finishes entstanden.

Da die Möglichkeiten aber zu vielseitig sind, als dass wir hier alle beschreiben könnten, konzentriere ich mich auf ein paar, die mir gut gefallen.

Der erste Schritt bei den meisten Oberflächenbehandlungen ist die Vorbereitung. Beim Schmieden entsteht eine Oxidationsschicht an der Oberfläche, die zunächst abgetragen werden muss. Je nach Finish muss die Oberfläche unterschiedlich stark gereinigt werden. Ist das Objekt für den Innenraum gedacht und soll einen möglichst natürlichen „Schmiedeeisen"-Look haben, muss nur der lose Zunder entfernt werden. Soll Patina oder Lack aufgetragen werden, muss man die gesamte Oberfläche blank polieren. Dafür gibt es verschiedene Möglichkeiten, wie etwa Bürsten, Schleifen, Sandstrahlen, in der Schleif- oder Poliertrommel oder durch Säurebehandlung.

Schmiedeeisen für den Innenbereich kann patiniert oder hitzebehandelt und dann mit einer Farbschicht überzogen werden. Geschliffene Schweißnähte und andere Verfärbungen dunkeln wir mit einer Lösung nach.

Die meisten unserer Arbeiten für den Innenraum werden entweder mit Wachs oder Lack überzogen. Viele Leute verwenden auch Leinöl, Schellack oder Anstrichfarben.

Aufgrund des rauen Küstenklimas hier in Charleston, South Carolina, galvanisieren wir praktisch all unsere Arbeiten für den Außenbereich. Beim Galvanisieren oder Verzinken wird das Werkstück in ein Bad aus geschmolzenem Zink getaucht.

WÄRMEBEHANDLUNG

Wärmebehandlung bezieht sich auf das Erhitzen und Abkühlen von Stahl, um seine physikalischen Eigenschaften zu verändern. Beim Schmieden und in der Werkzeugherstellung bedeutet dies Härten oder Weichmachen, was sowohl die Härte als auch die Zähigkeit des Materials beeinflusst. Die Behandlung erfolgt durch gezieltes Erhitzen und Abkühlen.

Einer der schönsten und befriedigendsten Aspekte des Schmiedens ist, dass man sein Werkzeug selbst herstellen kann – und häufig auch muss. In unserer Werkstatt fertigen wir viele unserer Werkzeuge selbst und müssen sie dementsprechend härten. Die Entwicklung unzähliger Legierungen und Werkzeugstähle im 20. Jahrhundert erlauben es dem modernen Schmied, sehr wirksame und haltbare Werkzeuge herzustellen.

Auf molekularer Ebene kommt es in der Struktur des Eisens durch die Wärmebehandlung zu verschiedenen Veränderungen, die seine Oberfläche härten oder weicher machen. Die physikalisch genaue Erklärung würde ein eigenes Buch füllen, daher verzichten wir hier auf Details. Gewöhnlich gibt es drei wichtige Schritte bei der Wärmebehandlung: Glühen, Härten und Anlassen.

Beim Glühen wird das Metall auf eine bestimmte Temperatur erhitzt und dann langsam abgekühlt, damit sich das körnige Gefüge entspannt. Dadurch wird das Werkstück weich und schmiedbar. Weichgeglühte Teile lassen sich leichter kaltbiegen und maschinell bearbeiten. Auch Schmieden an sich ist eine Art Hitzebehandlung, die die Eigenschaften des Materials – beabsichtigt oder unbeabsichtigt – verändert. Für ein gleichmäßiges Härtungsergebnis muss ein Werkstück nach dem Schmieden erst weichgeglüht werden, bevor es gehärtet werden kann.

Zum Härten muss das Werkstück schnell abkühlen, damit die Gitterstruktur des Eisens in einer bestimmten Form „eingefroren“ wird, wodurch es härter, aber auch spröder wird. Es wird dazu – je nach Stahl- oder Legierungsart – entweder in Wasser oder Öl abgeschreckt oder kühlt an der Luft ab. Jedes Material verlangt nach einem spezifischen Ablauf. Eine Härtung kann zudem durch ein Verfahren namens Einsatzhärten erfolgen, bei dem ein Aufkohlungsmedium auf die Oberfläche aufgetragen wird und dann bei hohen Temperaturen eindiffundiert. Dadurch entsteht eine dünne gehärtete Schicht auf der Oberfläche, man spricht auch von Randschichthärtung.

Direkt nach dem Härten ist ein Stück Stahl zwar sehr hart, aber gewöhnlich zu spröde. Daher wird es anschließend nochmals angelassen. Dabei wird es auf eine spezifische Temperatur erhitzt, die deutlich unterhalb der Härtungstemperatur liegt, und dann abgekühlt. Dieses leichtere Erhitzen baut Spannungen ab und das Material wird zäher. Hier muss besonders sorgfältig gearbeitet werden, denn mit steigender Zähigkeit wird das Material auch wieder weicher. Schließlich muss das Werkstück zäh genug sein, aber auch hart genug.

Jeder Werkzeugstahl hat eine eigene Zusammensetzung und ganz spezifische Härteparameter. Folgen Sie den Anweisungen auf den Datenblättern der einzelnen Stahlsorten so genau wie möglich. Schlecht gehärtete Werkzeuge können splittern oder reißen und so zu einer Gefahr werden.

TEIL III:
DESIGN

Design ist keine Hexerei. Natürlich gibt es bei allen künstlerischen Tätigkeiten, wie dem Schmieden, das Element der Kreativität, das man nicht lehren oder erlernen kann, die künstlerische Sensibilität des Einzelnen, die durch nichts zu ersetzen ist. Aber was diese Künstler in ihre Arbeiten einbringen, beruht auf klassischen Prinzipien des Designs, die man messen und lernen kann. Indem man diese Regeln erlernt, gibt man seiner Kunst ein Fundament und stellt eine Verbindung zur visuellen Erfahrungswelt des Betrachters her.

Keines dieser Prinzipien ist ein ehernes Gesetz, es gibt zahllose erfolgreiche Arbeiten, die nur wenige Prinzipien beinhalten. Sie sind eher eine Reihe von Ratschlägen, die man bei der Planung seiner Arbeit befolgen kann, um ein tragfähiges Konzept zu erhalten, bevor man sich ans Werk macht.

DESIGN-PRINZIPIEN

SYMMETRIE, ASYMMETRIE UND BALANCE

Die Flügel und der Torbogen eines großen Projekts, das wir in Pittsburgh realisiert haben. In der historischen Umgebung kam es sehr auf Symmetrie an. Während der gesamten Entwurfsphase haben wir Elemente hinzugefügt und entfernt, um eine Balance zu erzielen.

Unten: Ein Kamingitter für ein Wohnhaus. Wir haben hier zusammen mit der Architektin und Designerin Lauren Sanchez ein zufälliges, asymmetrisches Muster mit moderner Anmutung entwickelt.

Symmetrie bedeutet, dass beide Hälften eines Werks an einer imaginären Achse gespiegelt sind. Der menschliche Körper ist einigermaßen symmetrisch und wir empfinden symmetrische Muster instinktiv als harmonisch, beruhigend und angenehm. Im Design kann man mit Symmetrie ein Gefühl von Harmonie erzeugen. Ist die Symmetrie aber zu starr, wirkt sie schnell synthetisch. Hier kommt die Asymmetrie ins Spiel.

Wenn man asymmetrische Elemente in sein Design aufnimmt, muss man die Balance im Auge behalten, wenn alles einheitlich wirken soll. Sie können historische Regeln anwenden, wie den Goldenen Schnitt, aber das Wichtigste ist, dass Sie die Rolle verstehen, die visuelles Gewicht und Balance in einem asymmetrischen Design spielen.

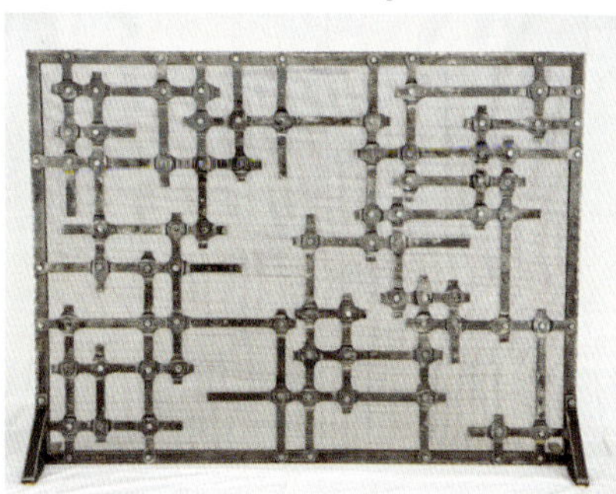

WIEDERHOLUNG

Repetitive Designelemente in einem Projekt, das wir in der Innenstadt von Charleston, South Carolina, realisiert haben. Dieses Muster wiederholt sich in allen Zufahrtstoren, Türen und dem Balkongeländer und verleiht ihnen eine einheitliche Anmutung.

Im Design versteht man unter Wiederholung die wiederkehrende Verwendung eines Elements oder Themas. Wiederholung kann ein verbindendes Element liefern, durch das sich das Design abgeschlossen anfühlt. Sie kann es, im Übermaß angewendet, aber auch langweilig machen.

Bei architektonischen Elementen kommen die meisten Designs nicht umhin, auf die eine oder andere Weise repetitiv zu sein. Selbst die gleiche Stangengröße ist schon eine starke Form der Wiederholung und hilft dem Betrachter beim Erfassen des Designs. Ein repetitives Design kann vor allem zusammen mit asymmetrischen und chaotischen Elementen für spannende Kontraste sorgen.

Viele vollständig eigenständige Elemente für ein Design zu schaffen, kann viel Zeit kosten, während Wiederholung innerhalb desselben Stücks eine starke und kostensparende Aussage sein kann.

SYMBOLIK

Es lohnt sich für jeden Künstler, die Sprache der Symbolik zu studieren, selbst, wenn man keine klassischen Symbolismen in seiner Arbeit verwenden will. Wenn Sie die allegorische Bedeutung beispielsweise eines Granatapfels oder eines Füllhorns kennen, können Sie unbeabsichtigte Botschaften in Ihren Werken vermeiden.

Symbole existieren innerhalb eines kulturellen Kontexts, der zeitlich und örtlich sehr spezifisch sein kann, und sie können real oder auch völlig abstrakt ein. Nehmen wir zum Beispiel die Narzisse. In der viktorianischen Blumensprache steht sie für unerwiderte Liebe. Im *Hanakotoba*, der japanischen Blumensprache, steht sie für Respekt. Die Narzisse ist die Nationalblume von Wales und steht als Symbol für walisischen Nationalismus. In den USA ist sie heute praktisch synonym mit dem Frühling. Das sind schon vier Bedeutungen für eine einzige Pflanze.

Selbst bei einem geradlinigen Design wie einem Zaun hat man immer noch die Möglichkeit, mit Symbolen eine kleine Geschichte zu erzählen oder eine Aussage zu treffen. Bei Auftragsarbeiten bieten Symbole eine schöne Möglichkeit, eine Arbeit individuell zu gestalten.

Dieses Zufahrtstor von Ambrose Burne erkundet die Verwendung einer traditionellen Form (der Schnörkel) auf einzigartige und zeitgenössische Weise. Die fließenden Kurven des Stahls deuten auf ästhetische Weise Bewegung an.

Die Kundin wünschte sich bei diesem Projekt ein Geländer, das für ihre irische Herkunft stand. Wir haben uns für die für Irland typischen Rhabarberblätter und Fuchsienblüten entschieden, die an den Enden des Geländers von irischen Harfen eingerahmt sind.

MAẞSTAB, ÜBERTREIBUNG UND ANGEDEUTETE BEWEGUNG

Das Auge erfasst ein Design selten auf den ersten Blick ganz, deshalb muss der Künstler ihm einen klaren Weg durch sein Werk bieten, damit der Betrachter auch jedes Detail wahrnimmt. Ohne diesen Pfad kann ein Design schnell unklar und unattraktiv wirken und seine Wirkung trotz hoher Qualität seiner Bestandteile nicht voll entfalten. Selbst wenn Sie keinen Weg vorgeben wollen, ist es Ihre Aufgabe als Designer, das Auge des Betrachters zu leiten.

Der Maßstab kann eine wichtige Komponente dieser implizierten Bewegung sein, da das Auge ganz natürlich von größeren Maßen angezogen wird. Eine Gruppierung kleinerer Elemente, wie Blätter, um ein größeres, wie eine Blüte, verleiht der Gruppe Rhythmus und macht sie interessant. Oftmals übertreibt ein Künstler die Größe eines Elements auch bewusst. Eine solche Übertreibung kann für eine Überraschung sorgen. So stellt ein von einem großen Apfel gekröntes Gitter aus filigranen Bäumen die Erwartung des Betrachters auf den Kopf und lässt ihn ganz neu über die nahrungsspendende Kraft des Waldes nachdenken.

Es reicht aber nicht, einfach mit Proportionen zu spielen, um den Betrachter anzuleiten, man muss ihm auch einen Plan an die Hand geben. Hier kommt die angedeutete Bewegung ins Spiel. Elegante Kurven und sanfte Spitzen zwischen dekorativen Elementen deuten organische Bewegung an, während Geraden und scharfe Winkel schnell und abrupt wirken. Kurven mit variierenden Radien können eine schnelle, aber fließende Bewegung andeuten.

Diese Skulptur ist Teil einer Serie von Stücken, die auf Fotos von Teilchenkollisionen beruhen. Die Kurven sollen die explosive Bewegung andeuten.

ENTWÜRFE

Eine typische dreidimensionale Darstellung, wie wir sie für die Präsentation beim Kunden verwenden. Diese Zeichnung stammt von unserem 3-D-Experten Clinton Donellan. Die Farben und Strukturen sollen die Zeichnung lebensechter machen. Für die eigentliche Konstruktion nutzen wir technische Pläne mit allen Maßen.

Unsere Firma heißt Robert Thomas Iron Design und wir legen genauso viel Wert auf den Teil mit dem Design wie auf den Teil mit dem Eisen („Iron"). Wir nehmen selbstverständlich auch Aufträge nach Entwürfen von Architekten, Designern und Kunden mit besonderem Geschmack und Wünschen an. Aber wann immer möglich, führen wir ein Projekt lieber selber vom Entwurf bis zur Montage durch, denn unsere wahre Stärke liegt in der Kombination aus Design und Schmiedekunst. Als Schmied und Designer benötige ich ein grundlegendes Verständnis meines Materials. Jemand, der nicht mit geschmiedetem Metall arbeitet, hat nur ein begrenztes Wissen darüber, wie sich Metall bewegt und was man alles mit ihm zustande bringen kann. Deshalb schöpfen selbst die schönsten Designs Fachfremder selten die Möglichkeiten der Schmiedekunst voll aus.

Selbst wenn jemand mit einer sehr klaren Vorstellung von seinen Wünschen zu uns kommt, versuchen wir fast immer, zumindest einen gewissen Einfluss auf den Entwurf zu nehmen. Schon wenige Veränderungen können einen riesigen Unterschied machen. Indem man zum Beispiel die Ausrichtung zweier sich kreuzender Stangen ändert, kann man aus einem Schweißpunkt eine Nietverbindung machen. Als Schmiede bringen wir geschmiedete Elemente in ein Projekt ein, die andere Metallbauer einfach nicht beitragen können. Es ist unsere Verantwortung dem Kunden gegenüber, wo immer möglich, Schmiedekunst zu integrieren, weil ihm das den größten Gegenwert gibt und uns das tun lässt, was wir lieben.

Will man den Entwurfsprozess kontrollieren, muss man in der Lage sein, ein Design effizient zu entwickeln und zu kommunizieren. Bei uns durchläuft ein Design Recherche, Skizzen und Zeichnungen in allen Formen und wir kommunizieren unsere Designs mit Visualisierungen, 3-D-Computermodellen, Risszeichnungen und manchmal sogar Dummys.

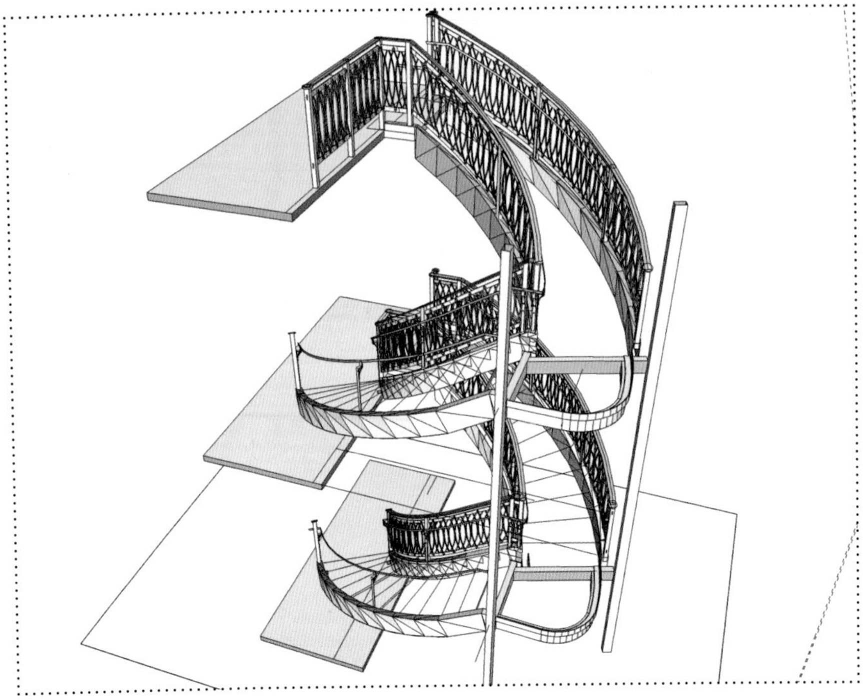

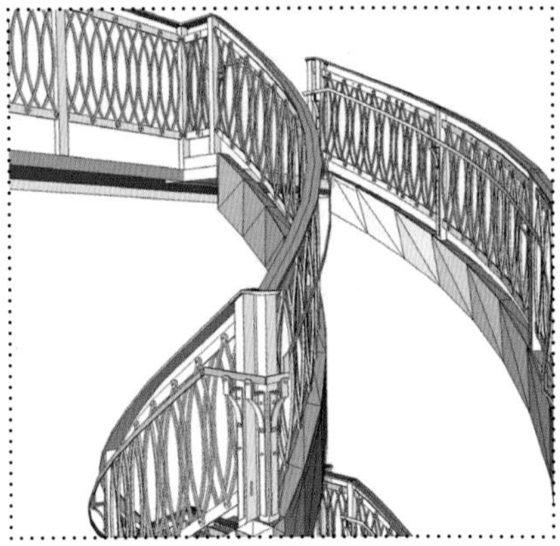

Clinton Donellan schuf dieses 3-D-Modell für eine monumentale Treppe, an der wir in der Innenstadt von Charleston gearbeitet haben. Dieses Modell ist eher technisch als künstlerisch und soll ein Bild von den komplexen Winkeln und Übergängen vermitteln.

Für mich beginnt der Designprozess mit einer Entwurfsskizze. Selbst wenn ich bereits eine Vorstellung davon habe, was ich erreichen will, muss ich sie auf Papier realisieren, bevor ich weitermachen kann. Ich zeichne oft mehrere Versionen in mein Skizzenbuch, bevor ich mich für eine entscheide und sie ins Reine zeichne. Je nach Umfang des Projekts kann diese Phase sehr geradlinig oder auch sehr vertrackt sein. Mir geht es hier noch nicht um die endgültige Konstruktion, sondern eher um eine allgemeine Vorstellung von Aussehen und Ästhetik. Ich arbeite dabei oft mit meiner Mutter Angela, einer gelernten Künstlerin und Designerin, zusammen. Als Fachfremde mit einem guten Auge für Design trägt sie immer wieder wunderschöne Entwürfe bei und dann liegt es an mir, daraus ein geschmiedetes Stück zu machen.

Wir müssen die Ästhetik unserer Designs oft an die tatsächliche Schmiedearbeit anpassen. Das Wissen, wie ich etwas zusammenfügen will, hilft mir dabei, bestimmte strukturelle Teile als Designelemente hervorzuheben. Diese Art von Design ist denen vorbehalten, die ein solides Verständnis vom Material besitzen, und geht auf die Idee zurück, dass Schmied und Designer in Personalunion ein besseres Design ermöglichen.

Bei Auftragsarbeiten muss das Design in den meisten Fällen vom Auftraggeber abgesegnet werden. Deshalb muss es so repräsentiert werden, dass Ästhetik und Struktur des Werks unmissverständlich vermittelt werden. Im Fall eines zweidimensionalen Projekts reicht dazu in der Regel eine klare Konstruktionszeichnung aus.

Für dreidimensionale Projekte fertigen wir meist ein 3-D-Modell und manchmal auch eine Animation, die es dem Kunden erlaubt, das Werk von allen Seiten zu betrachten. Das ist gar nicht so kompliziert, wie es vielleicht klingt. Wir arbeiten mit Clinton Donellan zusammen, einem sehr talentierten CAD-Experten, der unsere zweidimensionalen Zeichnungen in dreidimensionale Modelle umsetzt. An einem solchen 3-D-Modell können wir dann dem Kunden jedes Detail zeigen, sodass er genau weiß, was ihn erwartet.

Bei den meisten kommerziellen Projekten fertigen wir vor dem Schmieden Werkstattzeichnungen an, detaillierte maßstabsgerechte Pläne mit allen Maßen. Sie bestehen meist aus einer Draufsicht (von oben) und einer Vorderansicht. All diese Zeichnungen können leicht aus einem digitalen 3-D-Modell übernommen und ausgedruckt werden. Wenn es an die eigentliche Konstruktion geht, kann man die eine oder andere Werkstattzeichnung auch auf einem großen Plotter in voller Größe ausdrucken.

Letztlich profitiert Ihre Schmiedearbeit davon, wenn Sie sich mit der Designarbeit vertraut machen. Wenn Sie ihr aus dem Weg gehen, schränken Sie sich selbst unnötig ein. Das Designen hebt Ihre Arbeit von der Anderer ab und erlaubt Ihnen letztendlich, wirklich innovativ zu sein.

TEIL IV: PROJEKTE

Dieses Kapitel begleitet das RTID-Team, während es verschiedene Werkzeuge und Alltagsgegenstände aus Eisen schmiedet. Die Projekte sind so ausgewählt, dass sie eine große Vielfalt an Werkzeugen und Techniken zeigen. Allerdings gibt es praktisch für jeden Arbeitsschritt diverse alternative Techniken, mit denen man dasselbe Endresultat erzielen kann. Andere Schmiede mögen für dasselbe Resultat völlig anders vorgehen oder anderes Werkzeug verwenden. Wir beschreiben hier nur unsere Herangehensweise.

Sie ist das Resultat unserer gemeinsamen Erfahrung und der verfügbaren Werkzeuge. Ich bin mir aber völlig sicher, dass wir mit wachsender Erfahrung und durch das Lernen von anderen Schmieden unsere Abläufe auch in Zukunft weiter verändern werden. Daher sind die Projektbeschreibungen eher Fallstudien als technische Anleitungen. Am besten probieren Sie es selber aus und sehen dann, womit Sie am besten zurechtkommen.

ZANGE MIT SEITLICHEM MAUL

GESCHMIEDET VON MATT GARTON

MATERIAL

16 × 16 mm Vierkantstahl, 203 mm lang, 2 Stück

WERKZEUG

- Schmiedehammer (mit Querfinne)
- Kugelhammer
- Amboss
- Maschinenhammer oder Zuschläger mit Vorschlaghammer
- 10-mm-Lochhammer
- Gesenkplatte mit V-Radius
- 16-mm-Quadratmaulzange
- Ambossgabel

Seine Zangen selbst herstellen zu können, ist ein großer Vorteil und eigentlich ein Muss für jeden Schmied. Es gibt zwar eine Vielzahl an Schmiedezangen im Handel, aber wenn wir feststellen, dass uns eine bestimmte Art oder Größe von Zange fehlt, schmieden wir sie selbst, das geht schneller und einfacher. Da so viele Zangen Spezialzangen sind, ist es schwer, einen Favoriten zu bestimmen, aber die Zange, die Matt hier schmiedet, ist sehr vielseitig und vor allem stabil. Ihr großer Vorteil ist, dass man mit ihr lange oder gebogene Werkstücke in der Mitte greifen kann, statt sie am Ende fassen zu müssen.

Tipp: Schmieden Sie beide Hälften der Zange gleichzeitig, um möglichst präzise zu arbeiten. Führen Sie jeden Arbeitsschritt bis zum Zusammenbau für beide Zangenhälften aus, bevor Sie den nächsten Schritt beginnen. Exakte Maße sind nicht so wichtig wie die Gleichförmigkeit der beiden Zangenhälften.

Wenn nicht anders angegeben, werden alle Arbeiten bei hell gelbroter bis gelber Glühfarbe ausgeführt.

SCHRITT 1: ANREIẞEN

Beide Stäbe 51 mm von einem Ende entfernt mit einem Körner anreißen.

SCHRITT 2: DEN ZANGENKOPF SCHMIEDEN

Den Stab bei 51 mm bis auf die halbe Dicke (8 mm) absetzen. Dazu das Werkstück an der Vorderkante des Ambosses schräg ansetzen und hälftig direkt über der Kante des Ambosses schlagen.

SCHRITT 3: DIE BACKEN SCHMIEDEN

Das Werkstück wenden und schräg auf die gegenüberliegende Ambosskante legen und 16 mm vom Ende entfernt absetzen. Zur Vorderkante des Ambosses zurückkehren und den abgesetzten Stahl auf 64 mm strecken. Der Querschnitt bleibt erhalten (16 × 8 mm).

SCHRITT 4: DAS GELENK SCHMIEDEN

Das Werkstück eine Vierteldrehung nach links drehen und den ersten Absatz im 45-Grad-Winkel an der gegenüberliegenden Seite des Ambosses ausrichten. Den Stahl auf die halbe Dicke (8 mm) bringen.

SCHRITT 5: DIE GRIFFE SCHMIEDEN

Den Stahl für die Griffe 25 mm hinter dem Kopfansatz der Gelenkplatte absetzen. Das obere Ende des Griffs auf 8 × 13 mm schmieden und den Rest mit dem Maschinenhammer strecken. Die fertige Gelenkplatte ist 25 × 22 mm groß. Die Griffe auf rund 400 mm Länge strecken, sodass sie sich am Ende gleichmäßig bis auf 8 mm verjüngen.

SCHRITT 6: DIE BACKEN BREITEN

Das Maulende mit dem Schmiedehammer auf 51 × 19 mm breiten. Alle Flächen und Kanten an der Ambosskante glätten. Darauf achten, dass die Gelenkplatte absolut eben bleibt.

SCHRITT 7: DAS AUGE LOCHEN

Beide Gelenkplatten mittig mit dem 10-mm-Lochhammer durchschlagen. Anschließend die Oberflächen wieder glätten.

SCHRITT 8: DIE KOPFSCHENKEL BIEGEN

Die Kopfschenkel zwischen Rundhorn und Ambossgabel abwechselnd um 90 Grad biegen, dabei die Biegung isoliert erwärmen.

SCHRITT 9: DIE GREIFBACKEN FORMEN

Die Backe in ein V-Profil der Gesenkplatte legen und mit einem Vierkantstahl und dem Handhammer formen, während ein Helfer die Zange fixiert.

SCHRITT 10: DAS AUGE NIETEN

Beide Zangenhälften richten, sodass sie identisch sind, dann mit einem 10 × 25-mm-Niet warmnieten. Beim Abschrecken die Zange schnell schließen und öffnen, damit der Niet fest, aber beweglich sitzt.

AMBOSSGABEL

GESCHMIEDET VON ROBERT THOMAS

MATERIAL

hoch legierter Werkzeugstahl (51 × 51-mm-Vierkantstahl), 76 mm lang

WERKZEUG

- Maschinenhammer mit glatten Schmiedesätteln oder Zuschläger und Schlichthammer
- Schmiedehammer
- Amboss
- Abschrot
- Schrothammer
- Setzhammer und Zuschläger
- 13-mm-Kehlhammer
- Vorschlaghammer
- 51-mm-Quadratmaulzange
- Haltezange für den Gabelschaft
- Winkelschleifer
- Metallfeile

Die Ambossgabel ist eines der am häufigsten genutzten Hilfswerkzeuge. Wir besitzen gleich mehrere für jeden unserer Ambosse, von 10 bis 38 mm Zinkenabstand. Dazu besitzen wir Gabeln mit unterschiedlich dicken Zinken für leichte und schwere Arbeiten. Ambossgabeln sind für jegliche zwei- und dreidimensionalen Biegearbeiten äußerst hilfreich. Setzt man das Werkstück im rechten Winkel ein, kann man es leicht in einer Ebene biegen. Indem man den Winkel ändert, kann man das Werkstück spiralförmig biegen. In beiden Fällen kann man die Biegung auch mit der Biegezange oder dem Handhammer formen.

SCHRITT 1: DIE SCHULTER ABSETZEN

Den Vierkantstahl mit einem Körner rundum 38 mm vom Ende entfernt anreißen. Entlang der Markierung rundum 6 mm tief einkerben. Dieses Ende bildet später den Schaft und die Schulter, mit denen die Gabel im Gesenkloch ruht. Wir verwenden einen flachen Abschrot unter dem Maschinenhammer, aber diese Arbeit kann man auch mit Schrothammer und Zuschläger erledigen.

SCHRITT 2: DEN SCHAFT SCHMIEDEN

Den abgesetzten Schaft unter dem Maschinenhammer etwas größer als das Gesenkloch schmieden. Unser Gesenkloch ist 38 mm groß, sodass der Schaft 40 mm haben sollte. Den Schaft sehr sorgfältig mithilfe von Setzhammer und Zuschläger auf die korrekte Größe schmieden und dabei die Maße wiederholt überprüfen. Sobald der Schaft rotglühend gerade ins Loch passt, wird er mit Vorschlaghämmern ins Loch getrieben. Beim Abkühlen schrumpft er leicht und lässt sich herausheben. Dadurch sitzt er absolut passgenau und kann selbst unter starkem Zug nicht verkanten.

SCHRITT 3: DIE GABEL ABSETZEN

Das Gabelende auf etwa 76 mm Länge auf 25 × 51 mm herunterschmieden, sodass eine 13 mm dicke Schulter zwischen Gabel und Schaft stehen bleibt.

SCHRITT 4: DIE SCHULTER BEGRADIGEN

Die Schulter mit einem 13-mm-Kehlhammer und einem Vorschlaghammer rundum begradigen, sodass die Schulter absolut plan auf der Ambossbahn aufliegt.

SCHRITT 5: DIE ZINKEN SPALTEN

Das Zinkenende mithilfe eines Schrot- und eines Vorschlaghammers mittig zu zwei Zinken spalten. Den Spalt etwa Dreiviertel des Weges mit dem Schrothammer beginnen und dann mit zunehmend breiteren Kehlhämmern ausformen. Das verhindert den unvermeidlichen Spannungsriss, der bei Verwendung eines simplen Meißels entstehen würde. Die Zinken sollten an dieser Stelle um etwa 90 Grad geöffnet sein.

SCHRITT 6: DIE ZINKEN BEGRADIGEN

Sobald das Werkstück abgekühlt ist, die Zinken mit dem Winkelschleifer leicht abrunden und die Oberflächen mit einer Feile glätten.

SCHRITT 7: DIE ZINKEN RICHTEN

Die Gabel wieder auf Schmiedetemperatur erhitzen und die Zinken mit einem 19-mm-Abstandhalter (von einem Helfer gehalten) senkrecht ausrichten.

DURCHSCHLAG

GESCHMIEDET VON ROBERT THOMAS

MATERIAL

- 25-mm-Werkzeugrundstahl, 152 mm lang

WERKZEUG

- Maschinenhammer mit flachen Schmiedesätteln
- Schlichthammer und Zuschläger
- Vorschlaghammer
- Schmiedehammer
- Amboss
- 25-mm-Rundmaulzange
- Bandschleifer

Der Durchschlag erzeugt ein ovales oder rechteckiges Loch, das in der Regel den gleichen Umfang hat wie das beabsichtigte fertige Loch. Da rund ums Loch sehr viel Material verbleibt, entsteht ein attraktiver Wulst. Wir benutzen den Durchschlag besonders gerne, weil er einfach zu benutzen ist und gleichzeitig ein ästhetisch ansprechendes Ergebnis liefert. Wir besitzen Hunderte von Durchschlägen in allen möglichen Größen und Formen. Manche haben Holzgriffe, andere werden mit der Hand oder speziellen Zangen geführt.

SCHRITT 1: DAS SCHLAGENDE SCHMIEDEN

Das Schlagende des Durchschlags muss große Kräfte aushalten und wird mit der Zeit gestaucht. Um dem entgegenzuwirken, schmiedet man das Ende verjüngt aus, damit es sich mit der Zeit verformen kann, ohne im Weg zu sein.

SCHRITT 2: DEN GRIFF ABFLACHEN

Die obere Hälfte des Durchschlags wird auf zwei Seiten leicht abgeflacht. Dabei wird er auf rund 19 mm Dicke heruntergeschmiedet, die beiden anderen Seiten bleiben ungeschmiedet und gerundet. Dadurch lässt er sich vor allem mit einem Handschuh leichter führen.

SCHRITT 3: DIE VERJÜNGUNG SCHMIEDEN

Mit dem Maschinenhammer etwa 13 mm unterhalb des Griffs eine Verjüngung auf 19 × 5 mm an der Spitze schmieden. Die Flächen anschließend auf dem Amboss mit Schlicht- und Vorschlaghammer glätten.

SCHRITT 4: WÄRMEBEHANDELN

Das fertig geschmiedete Werkstück zum Abschluss entsprechend dem Datenblatt des verwendeten Stahls wärmebehandeln und mit dem Bandschleifer glätten.

MEIßEL
GESCHMIEDET VON ROBERT THOMAS

MATERIAL

25-mm-Werkzeug-rundstahl, 152 mm lang

WERKZEUG

- Maschinenhammer mit flachen Bahnen
- Schlichthammer und Zuschläger
- Schmiedehammer
- Amboss
- 25-mm-Rundmaul-zange
- Bandschleifer

Ein Flachmeißel ist ein äußerst praktisches Werkzeug für die unterschiedlichsten Aufgaben. Man kann sehr viel Zeit sparen, indem man ein Werkstück auf dem Amboss warmschrotet, statt abzuwarten, bis es abgekühlt ist und es dann z. B. mit der Bandsäge zu schneiden. Das Warmschroten mit dem Meißel ist nicht ganz so exakt, was aber auch nicht für jede Aufgabe notwendig ist. Wir verwenden viele unterschiedliche Handmeißel und Schrothämmer in unserer Werkstatt, aber der schlichte gerade, handgeführte Meißel, den wir hier schmieden, ist einer der vielseitigsten, da man mit ihm schneiden, treiben, anreißen und dekorative Arbeiten ausführen kann.

SCHRITT 1: DAS SCHLAGENDE SCHMIEDEN

Wie beim Durchschlag muss auch das Schlagende des Meißels große Kräfte aushalten und wird sich mit der Zeit verformen. Um dem entgegenzuwirken, schmiedet man auch hier das Ende verjüngt aus, damit es mit der Zeit breiter werden kann, ohne im Weg zu sein.

SCHRITT 2: DEN GRIFF ABFLACHEN

Die obere Hälfte des Meißels wird auf zwei Seiten leicht abgeflacht. Dabei wird er auf rund 19 mm Dicke heruntergeschmiedet, die beiden anderen Seiten bleiben ungeschmiedet und gerundet. Dadurch lässt er sich vor allem mit einem Handschuh leichter führen.

SCHRITT 3: DIE SCHNEIDE SCHMIEDEN

Mit dem Maschinenhammer ein Stück unterhalb des Griffs einen 13 × 19 mm großen geraden Abschnitt schmieden. Dann mit Schlicht- und Vorschlaghammer eine 51 mm lange Schneide schmieden. Nach der Wärmebehandlung die Schneide mit dem Bandschleifer schärfen.

DORN
GESCHMIEDET VON ROBERT THOMAS

MATERIAL

25-mm-Werkzeugrundstahl, 152 mm lang

WERKZEUG

- Maschinenhammer mit flachen Bahnen
- Schlichthammer und Vorschlaghammer
- Schmiedehammer
- Amboss
- 25-mm-Rundmaulzange
- Hufraspel
- Feile

Bei unseren Entwürfen nutzen wir häufig kräftige Wulste um Löcher. Um diese eleganten Wölbungen als Teil einer Durchsteck- oder Zapfenverbindung zu erzeugen, muss der Stahl um das Loch herum nach außen getrieben werden. Das geschieht mit einem Dorn. Es gibt Dorne in allen Größen und Formen, um Löcher aufzuweiten.

Wir verwenden am häufigsten einen runden Dorn. Er kommt auch zum Einsatz, wenn in mehreren Stufen aufgedornt wird. Der 25-mm-Runddorn, den wir hier schmieden, ist äußerst vielseitig und kann für Löcher von 5–25 mm genutzt werden.

SCHRITT 1: DAS SCHLAGENDE SCHMIEDEN

Das Schlagende erhält mit 19 mm einen etwas geringeren Durchmesser als die Enden von Durchschlag und Meißel. Wie bei diesen wird sich auch hier das Schlagende mit der Zeit verformen. Um den entgegenzuwirken, schmiedet man auch hier das Ende verjüngt aus, damit es mit der Zeit breiter werden kann, ohne im Weg zu sein. Damit man den Dorn ganz durch das Loch treiben kann, ohne dass er hängen bleibt, muss das Schlagende etwas schmaler sein als der Körper. Es muss wesentlich häufiger abgerichtet werden als bei Durchschlag oder Meißel, damit es nicht im Werkstück steckenbleibt.

SCHRITT 2: DIE VERJÜNGUNG SCHMIEDEN

Den Stahl mit dem Maschinenhammer gleichmäßig rund bis auf 6 mm Durchmesser an der Spitze verjüngen. Nach der groben Vorarbeit am Maschinenhammer die Spitze mit dem Schlichthammer auf dem Amboss glätten und sauber ausarbeiten.

SCHRITT 3: RASPELN UND FEILEN

Zusammen mit einem Helfer den Dorn in die Rinne des Schraubstocks legen und den glühenden Dorn rundum mit der Raspel glätten. Zunächst mit der groben Seite alle Unebenheiten beseitigen, dann die Raspel wenden und die Oberfläche mit der feinen Seite weiterbearbeiten. Dabei dreht der Helfer das Werkstück beständig gegen den Hieb der Raspel. Nach der Wärmebehandlung die Oberfläche kalt nachfeilen.

HAMMER

GESCHMIEDET VON ROBERT THOMAS UND MATT GARTON

MATERIAL

- hoch legierter Werkzeugstahl (57-mm-Rundstahl), 64 mm lang
- Hickory-Hammerstiel

WERKZEUG

- Maschinenhammer mit flachen Bahnen
- Hammerzange
- Körner
- 25 × 10-mm-Durchschlag
- Schmiedehammer
- Amboss
- Vorschlaghammer
- Loch- und Gesenkplatte
- Federkehlgesenk
- Hammerdorn
- 25-mm-Kehlhammer und -schrot
- Ölabschreckwanne

Wir sind nicht auf die Werkzeugherstellung spezialisiert, fertigen aber die meisten unserer Werkzeuge selbst. Wir geben uns dabei nicht viel Mühe mit der Ästhetik, uns geht es vielmehr um sauber gearbeitete, stabile und funktionale Werkzeuge, die schnell einsatzbereit sind. Der Hammer, den wir in diesem Projekt schmieden, ist typisch für unseren Stil: schlicht, gradlinig und praktisch.

SCHRITT 1: DEN ROHLING FORMEN

Wir beziehen unseren Werkzeugstahl meistens aus Werkstätten, in denen Metall verarbeitet wird, sodass alle Rohlinge unterschiedliche Abmessungen haben. Dieser Rohling hatte ursprünglich einen Durchmesser von 57 mm und war 64 mm lang. Wir haben ihn zu einem 44 × 44 mm großen Barren von 89 mm Länge umgeformt.

SCHRITT 2: DAS AUGE SCHLAGEN

Das Auge mit einem Körner auf halber Breite des Werkstücks, aber etwas zu einem Ende hin versetzt anreißen. Das Auge unter dem Maschinenhammer mit dem Durchschlag von einer Seite etwa Dreiviertel weit einschlagen und dann von der anderen Seite komplett durchschlagen.

SCHRITT 3: AUFDORNEN UND STRECKEN

Den Hammerkopf auf der Loch- und Gesenkplatte von beiden Seiten in mehreren Schritten aufdornen. Anschließend die Wangen des Hammers mit Kehlhammer und -schrot auf dem Amboss strecken. Dabei darauf achten, dass das dickere Ende des Dorns im Auge steckt. Diesen Vorgang einige Male wiederholen, bis Auge und Hammerkopf die gewünschte Größe haben. In diesem Fall schmieden wir einen etwas kleineren Hammer mit mittellangen Wangen. Soll der Hammer etwas größer sein, muss man die Wangen weiter strecken.

SCHRITT 4: DIE BAHN SCHMIEDEN

Die Bahn am kürzeren Ende des Kopfes schmieden. Dieses Ende des Kopfes quadratisch schmieden und die Kanten anfasen. Die fertige Bahn sollte eine Seitenlänge von 38 mm haben. Die Bahnen unseres Anyang-Hammers haben an einer Seite einen 10-mm-Radius, der eine glatte Schulter und damit einen schönen Übergang zwischen Bahn und Wangen schafft. Eine zu scharfe Kante würde einen ungleichmäßigen Übergang erzeugen und im schlimmsten Fall zu einem unbeabsichtigten Überfalten und einem Spannungsriss führen.

SCHRITT 5: DIE FINNE SCHMIEDEN

Das vordere Ende des Hammerkopfs mit Sätteln mit leicht abgerundeter Kante kurz hinter dem Auge beginnend verjüngen. Die Finne an der Spitze auf 25 mm herunterschmieden und dann mit dem Federkehlgesenk fertig schmieden. Dadurch entsteht ein Grad, der abgeschliffen werden muss. Die fertige Finne sollte 19 mm dick und vorne leicht gewölbt sein.

SCHRITT 6: WÄRMEBEHANDLUNG UND FINISH

Den Hammerkopf langsam neben der Esse abkühlen lassen und dann härten und anlassen. Bahn und Finne des abgekühlten Hammerkopfs mit dem Winkelschleifer vorschleifen, aber noch nicht feinschleifen. Den Kopf zum Härten gelbrot glühend in Öl abschrecken. Zum Anlassen die Mitte des Kopfes mit dem heißen Dorn erhitzen, bis die Wangen eine violette Farbe zeigen. Nach der Wärmebehandlung die Oberflächen mit dem Winkelschleifer glattschleifen und einen feuergehärteten Hickorygriff einsetzen.

KUGELHAMMER
GESCHMIEDET VON ROBERT THOMAS UND MATT GARTON

MATERIAL

hoch legierter Werkzeugstahl (57 mm Rundstahl), 64 mm lang

WERKZEUG

- Maschinenhammer mit flachen Bahnen
- 19-mm-Federkehlgesenk
- Schmiedehammer
- 25 × 10-mm-Durchschlag
- Hammerzange
- Abschrot
- Werkzeugzange
- Loch- und Gesenkplatte
- 25 × 6-mm-Durchschlag für den Maschinenhammer
- 38-mm-Quadratmaulzange
- Winkelschleifer mit Schleifscheibe

Für den Schmied ist ein Kugelhammer ein sehr praktisches und vielseitiges Werkzeug. Wir verwenden ihn am häufigsten, um das Material um meist für Niete gebohrte Löcher ein wenig zu verschieben. Dadurch entsteht eine attraktive Senkung, die den Blick auf die Verbindung lenkt. Das Ergebnis ist gut an der Wandplatte des Kaminbestecks auf Seite 143 zu sehen. Mit dem Kugelhammer kann man auch gut Material absetzen und gezielt verschieben, ohne dadurch den gesamten Arbeitsbereich zu verformen.

SCHRITT 1: DEN ROHLING FORMEN

Den Rohling zu einem 44 × 44 mm großen und 89 mm langen Barren formen und das Auge in der Mitte anreißen.

SCHRITT 2: DAS AUGE SCHLAGEN

Das Auge unter dem Maschinenhammer mit dem Durchschlag von einer Seite etwa Dreiviertel weit einschlagen und dann von der anderen Seite komplett durchschlagen.

SCHRITT 3: DAS AUGE AUFDORNEN

Den Hammerkopf auf der Loch- und Gesenkplatte von beiden Seiten in mehreren Schritten aufdornen. Anschließend die Wangen gradeschmieden. Den Vorgang mehrfach wiederholen.

SCHRITT 4: DIE BAHN SCHMIEDEN

Das Schlagende des Kugelhammers unter dem Maschinenhammer achteckig ausformen.

SCHRITT 5: DIE FINNE FORMEN

Zum Formen der Finne den Kopf zunächst direkt vor dem Auge mit dem Federgesenk einkehlen. Dadurch entsteht ein 25 mm langer, quadratischer Abschnitt an der Spitze des Kopfs.

SCHRITT 6: DIE KUGEL FORMEN

Die abgesetzte Finne achteckig auf 19 mm Durchmesser verjüngen und mit dem Abschrot auf die gewünschte Länge kürzen.

SCHRITT 7: HÄRTEN, ANLASSEN UND SCHLEIFEN

Den Hammerkopf langsam neben der Esse abkühlen lassen. Den Kopf zum Härten gelbrot glühend in Öl abschrecken. Zum Anlassen die Mitte des Kopfs mit dem heißen Dorn erhitzen, bis die Wangen eine violette Farbe zeigen. Nach der Wärmebehandlung die Oberflächen mit dem Winkelschleifer glattschleifen.

KEHLHAMMER UND -SCHROT

GESCHMIEDET VON ROBERT THOMAS UND MATT GARTON

MATERIAL

57-mm-Rundstahl, 64 mm lang, 2 Stück

WERKZEUG

- Maschinenhammer mit flachen Schmiedesätteln
- 13-mm-Federkehlgesenk
- Schmiedehammer
- Schlichthammer
- Amboss
- Absetzschrot
- Werkzeugzange
- 25 × 6-mm-Durchschlag für den Maschinenhammer
- 38-mm-Quadratmaulzange
- Vorschlaghämmer
- Loch- und Gesenkplatte
- Bandschleifer

Kehleisen und -schrot zählen zu den vielseitigsten und am häufigsten genutzten Werkzeugen unserer Werkstatt. Da wir die Kraft mit ihnen auf einen ganz bestimmten Punkt lenken können, ermöglichen sie uns alle möglichen interessanten Formen. Um Material bei der Werkzeugherstellung oder bei dekorativen Arbeiten absetzen zu können, ist ein passendes Paar aus Kehlhammer und Kehlschrot unerlässlich. Das Paar, das wir in diesem Projekt schmieden, kann unabhängig voneinander oder gemeinsam genutzt werden. Die Einsatzmöglichkeiten sind nur durch die eigene Fantasie begrenzt.

KEHLSCHROT

SCHRITT 1: DEN SCHAFT SCHMIEDEN

Den Stab zu einem quadratischen Barren von 51 × 51 × 76 mm formen. Mit einem Körner auf allen vier Seiten 38 mm von einem Ende her anreißen. An diesen Markierungen auf allen vier Seiten mit dem Absetzschrot 6 mm tief einkerben. Dieses Ende bildet später den Schaft und die Schulter, mit denen der Schrot im Gesenkloch ruht. Den abgesetzten Schaft unter dem Maschinenhammer 2 mm größer als das Gesenkloch schmieden. Den Schaft sehr sorgfältig mithilfe von Setzhammer und Zuschläger auf die korrekte Größe schmieden und dabei den Sitz wiederholt überprüfen. Sobald der Schaft rotglühend gerade ins Loch passt, wird er mit Vorschlaghämmern ins Loch getrieben. Beim Abkühlen schrumpft er leicht und lässt sich herausheben. Dadurch sitzt er absolut passgenau.

SCHRITT 2: DAS WERKSTÜCK STAUCHEN

Sobald der Schaft sicher sitzt, das obere Ende des Werkstücks mit Doppelschlägen zu einem etwa 64 mm großen Quadrat stauchen. Dabei entsteht eine sehr solide und breite Schulter, auf der der Kehlschrot später im Gesenkloch ruht. Das Werkstück nach dem Stauchen mit dem Schlichthammer begradigen.

SCHRITT 3: DEN KEHLSCHROT ABSETZEN

Die oberen zwei Drittel des Werkstücks mit dem 13-mm-Federkehlgesenk unter dem Maschinenhammer von allen Seiten 10 mm tief absetzen.

SCHRITT 4: DEN KEHLSCHROT SCHMIEDEN

Das abgesetzte Ende auf 16 × 64 mm herunterschmieden. Die Bahn des Kehlschrots mit dem Bandschleifer mit einem Radius versehen.

KEHLHAMMER

SCHRITT 1: DAS AUGE SCHLAGEN

Den Stab zu einem quadratischen Barren von 44 × 44 × 89 mm formen und dann das Auge schlagen. Dazu das Auge mit einem Körner auf halber Breite des Werkstücks, aber etwas zu einem Ende hin versetzt anreißen. Das Auge unter dem Maschinenhammer mit dem Durchschlag von einer Seite etwa Dreiviertel weit einschlagen und dann von der anderen Seite komplett durchschlagen. Den Hammerkopf auf der Loch- und Gesenkplatte von beiden Seiten in mehreren Schritten auf die gewünschte Lochgröße aufdornen.

SCHRITT 2: DAS SCHLAGENDE SCHMIEDEN

Das Schlagende unter dem Maschinenhammer achteckig schmieden.

SCHRITT 3: DIE FINNE SCHMIEDEN

Für die Finne zunächst eine 19 mm langes Stück mit dem 13-mm-Federkehlgesenk absetzen und passend zum Kehlschrot formen und entsprechend mit einem Radius versehen.

DOPPELTER DICKZIRKEL
GESCHMIEDET VON TYLER BICKERSTAFF

MATERIAL

- 25 × 6-mm-Flachstahl, 356 mm lang
- 25 × 3-mm-Flachstahl, 152 mm lang, 2 Stück
- 10-mm-Unterlegscheiben
- 10 × 22 mm-Niet

WERKZEUG

- Maschinenhammer mit flachen Schmiedesätteln
- Schrothammer, gerade
- 6-mm-Durchschlag, rund
- 10-mm-Dorn, rund
- Schmiedehammer
- Amboss
- Feilen

Viele Schmiedeprojekte verlangen nach Materialmaßen, die man nicht immer vorrätig hat. Deshalb muss man den Rohling häufig zunächst umformen. Will man sichergehen, dass ein solches Stück eine einheitliche Größe hat, greift man am besten zu einem Dickzirkel. Schmiedezirkel unterscheiden sich von anderen Tastzirkeln durch einen langen Griff, mit dessen Hilfe man beim Schmieden auch heiße Rohlinge abtasten kann. Sie sind gemeinhin auch stabiler und nicht so präzise wie etwa Ingenieurswerkzeug. Hier fertigt Tyler einen Doppelzirkel in traditioneller Form an.

SCHRITT 1: DEN FLACHSTAHL SPALTEN

Mit dem Schrothammer den 25 × 6-mm-Flachstahl mittig von einem Ende her 25 mm tief spalten. Den Flachstahl dann im Schraubstock verspannen und den Spalt um 6 mm verlängern. Dadurch biegen sich die beiden Arme auf, die später die inneren Spitzen des Zirkels bilden.

SCHRITT 2: DIE SPITZEN FORMEN

Die Spitzen über dem Ambosshorn mit dem Schmiedehammer spitz ausformen und dabei gleichzeitig runden.

SCHRITT 3: DEN STAB SCHMIEDEN

Unterhalb der Spitzen einen 178 mm langen Abschnitt unter dem Maschinenhammer auf 10 × 6 mm herunterschmieden. Dahinter einen 19 mm langen Abschnitt ungeschmiedet belassen, der später zum Gelenk geformt wird. Im Anschluss daran den 203 mm langen Handgriff oval ausschmieden.

SCHRITT 4: DEN HAKEN SCHMIEDEN

Das überschüssige Material 51 mm unterhalb des unteren Endes des Handgriffs abschroten. 25 mm dieses hinteren Endes zu einem Haken herunterschmieden, an dem der Zirkel später aufgehängt werden kann. Den Haken am Ambosshorn mit 25 mm Durchmesser rund ausformen.

SCHRITT 5: DAS LOCH SCHLAGEN

Die Gelenkplatte in der Mitte durchschlagen und auf 10 mm aufdornen.

SCHRITT 6: DIE SCHENKEL SCHMIEDEN

Die beiden 29-mm-Flachstähle auf 203 mm strecken und dabei spitz zulaufend verjüngen. Beide Schenkel über dem Ambosshorn mit identischer Krümmung und passend zu den Stabspitzen ausformen. Anschließend die Gelenklöcher an den hinteren Enden durchschlagen und aufdornen und das überschüssige Material abschroten.

SCHRITT 7: GLATTFEILEN

Alle Oberflächen vor dem Zusammenbau glattfeilen.

SCHRITT 8: ZUSAMMENBAU

Die Einzelteile mit Unterlegscheiben auf den Außenseiten straff, aber beweglich vernieten. Es kann einige Nacharbeit erforderlich sein, bis alles beweglich und passgenau ist.

SCHMIEDEWINKEL

GESCHMIEDET VON MATT GARTON

MATERIAL

38 × 10 × 406-mm-Flachstahl

WERKZEUG

- Maschinenhammer mit flachen Schmiedesätteln
- 19-mm-Kehlhammer für den Maschinenhammer
- Schmiedehammer
- Meißel
- Amboss
- Durchschlag, rund
- Setzhammer
- 90-Grad-Winkelschablone für Schraubstock

Der Schmiedewinkel ist robust und hat einen langen Griff, damit man ihn auch an glühende Werkstücke anlegen kann, um sie auf Rechtwinkligkeit zu überprüfen. Viele geschmiedete Teile, wie Zapfen, Ecken und Fügungen, müssen absolut rechtwinklig sein und es ist wesentlich praktischer, sie noch heiß überprüfen zu können, als abwarten zu müssen, bis sie abgekühlt sind.

SCHRITT 1: DEN GRIFF SCHMIEDEN

Die Kante des Flachstahls 203 mm von einem Ende mit dem Kehlhammer absetzen. Den abgesetzten Teil für den Griff auf 19 × 10 mm herunterschmieden.

SCHRITT 2: DAS WERKSTÜCK SPALTEN

Auf der Breitseite der ungeschmiedeten Hälfte 178 mm vom hinteren Ende entfernt mittig ein rundes Loch mit 10 mm Durchmesser durchschlagen. Das Werkstück ausgehend von diesem Loch mit dem Meißel längs spalten. Die beiden Hälften bilden die Schenkel des Winkels.

SCHRITT 3: DIE SCHENKEL FORMEN

Die Schenkel grob zu einem 90-Grad-Winkel öffnen und auf 16 × 10 mm herunterschmieden. Kanten und Oberflächen sorgfältig glätten, damit sie absolut eben sind.

SCHRITT 4: DEN WINKEL SCHMIEDEN

Eine 90-Grad-Winkelschablone im Schraubstock verspannen und den Innenwinkel mit dem Setzhammer ausarbeiten, um einen möglichst genauen 90-Grad-Winkel zu erhalten.

SCHRITT 5: DIE SCHENKEL KORRIGIEREN

Die Schenkel auf der Ambossbahn begradigen, bis beide perfekt im rechten Winkel stehen.

SCHRITT 6: DEN RING SCHMIEDEN

Zum Schluss das Ende des Griffs mit einem kleinen Ring versehen, an dem das Werkzeug aufgehängt werden kann.

WERKZEUGSTÄNDER

GESCHMIEDET VON ROBERT THOMAS UND MATT GARTON

MATERIAL

- 51 x 10-mm-Flachstahl, 711 mm lang, 2 Stück
- 16-mm-Rundstahl, 610 mm lang, 2 Stück
- 51 x 13-mm-Flachstahl, 445 mm lang, 2 Stück
- 6 x 48-mm-Niete
- 38 x19-mm-Flachstahl
- 51 x 10-mm-Flachstahl

WERKZEUG

- Maschinenhammer mit flachen Schmiedesätteln
- 5 x 25-mm-Schlitzhammer
- Abschrot
- Schlichthammer mit runder Bahn
- 13-mm-Meißel
- 16-mm-Runddorn
- 25 x 10-mm-Rechteckdorn
- große Ziehzange
- Bandsäge
- Schmiedehammer
- Lederhammer
- Amboss
- Biegeschablone mit 254 mm Radius
- Feilen

Gut organisiertes Werkzeug ist zwar schön, aber man möchte es auch stilvoll präsentieren. In unserer Werkstatt hängen viele Werkzeuge hinter dem Schmiedebereich an der Wand, aber wir haben auch diverse kleinere Werkzeugständer, die wir je nach Bedarf umsetzen können.

Dieser Werkzeugständer soll vielseitig nutzbar, aber gleichzeitig auch schön sein. Wir haben hier zahlreiche Techniken und Designelemente genutzt, die sich auch für viele andere Projekte eignen. Wir verwenden drei unterschiedliche Durchschlagmethoden, abgesetzte und gerade Zapfen und einige schwierige Biegetechniken. Das alles ist eine Herausforderung, die die Mühe aber lohnt.

PFOSTEN

SCHRITT 1: DIE OBEREN UND UNTEREN LÖCHER DURCHSCHLAGEN

Die oberen und unteren Löcher in den Pfosten sind traditionelle, durchgeschlagene und aufgedornte Rechtecklöcher. Diese Art Loch findet man auch in der traditionellen Tischlerei. Unter dem Maschinenhammer 76 mm von jedem Ende der 51 × 10-mm-Flachstähle ein Loch durchschlagen und auf 25 × 10 mm aufdornen. Hier werden die Traversen befestigt.

SCHRITT 2: DIE LÖCHER FÜR DIE STANGEN FÜR DAS HAMMERRECK DURCHSCHLAGEN

Die Löcher für das Hammerreck werden dicht an den Rand gesetzt und aufgedornt. Sie sehen sehr attraktiv aus, können aber auch etwas schwierig herzustellen sein.

Die Löcher sitzen 6 mm von den Kanten der Pfosten entfernt und sind versetzt, sodass die Hämmer später schräg im Gestell hängen. Die Löcher vorsichtig von beiden Seiten durchschlagen. Anschließend nach und nach aufdornen und darauf achten, dass die Ränder zwischendurch nicht zu stark abkühlen. Da sich auf einer Seite jedes Loches mehr Masse befindet, kühlt der Stahl unterschiedlich schnell ab. Treibt man den Dorn durch, nachdem die dünne Kante erkaltet ist, kann die Außenseite des Lochs reißen. Den Stahl deshalb mehrfach erhitzen und die Löcher schrittweise aufdornen, sodass sie sich attraktiv nach außen wölben.

BEINE

SCHRITT 3: DIE MITTELLÖCHER DURCH DIE BEINE SCHLAGEN

Hier kommt eine weitere Lochtechnik zum Einsatz. Die Löcher haben die gleichen Dimensionen wie die in den Pfosten (25 × 10 mm). Der Unterschied ist, dass diese Löcher quer im Flachstahl liegen statt längs, wie in den Pfosten. Damit sich der Stahl attraktiv um das Loch nach außen wölbt, zunächst mit dem Schlitzhammer mittig in Längsrichtung des Stahls ein 25 × 5 mm großes Loch durch den Stahl schlagen. Nach dem ersten Durchschlag das Loch zunächst rund aufdornen, sodass das Material nach außen verschoben wird. Den Bereich um das Loch gezielt erhitzen, das Werkstück aufrecht stellen und das Loch stauchen, sodass es ein quer liegendes Oval bildet. Die Löcher abschließend mit dem Rechteckdorn auf ihre endgültige Größe von 25 × 10 mm aufdornen. Diese attraktive Lochform ist die zusätzliche Arbeit auf jeden Fall wert.

SCHRITT 4: DIE BEINE BIEGEN

Für die Beine eine Viertelkreisschablone mit 254 mm Radius anfertigen. Sie benötigt einen 25 × 10 mm großen aufgeschweißten, nach oben versetzten Dorn für das Mittelloch der Beine und Raum für die Aufwölbung um das Mittelloch. Das Bein hellgelbrot glühend auf den Dorn setzen. Da das Werkstück in der Breite gebogen wird, benötigt man eine große Ziehgabel und einen Lederhammer, um es zwischendurch zu glätten. Anschließend das Werkstück wenden und das andere Bein auf die gleiche Weise biegen. Ebenso mit dem zweiten Bein verfahren.

TRAVERSEN

SCHRITT 5: DIE ABGESETZTEN ZAPFEN SCHMIEDEN

Die untere Traverse muss natürlich keine abgesetzten Zapfen haben, aber sie sind schön und ergeben zudem eine sehr feste Verbindung. Ein abgesetzter Zapfen hat an einer Seite eine verlängerte Schulter, deren größere Oberfläche die Verbindung stabiler macht. Man findet diese Zapfen üblicherweise in der unteren angeschlagenen Ecke von Toren, wo sie verhindern, dass das Tor unter seinem eigenen Gewicht absackt.

Da abgesetzte Zapfen eine starke Verringerung des Querschnitts erfordern und am einfachsten am Ende eines langen Stabs zu schmieden sind, schmiedet man den abgesetzten Zapfen an einem dickeren Stab und schmiedet diesen dann auf die Maße der Traverse herunter. Diese Traverse besteht aus zwei Teilen und wird in der Mitte feuerverschweißt.

Aus diesem Grund müssen alle folgenden Schritte zweimal ausgeführt werden.

Zunächst einen 38 ×19-mm-Flachstahl, der lang genug ist, um ihn ohne Zange halten zu können (760 mm), stauchen. Die zusätzliche Masse erleichtert das Stauchen auf dem niedrigen Amboss. Das Ende auf etwa 51 mm Breite stauchen, ohne die Dicke (19 mm) zu verändern. Nach der groben Vorarbeit die Stauchung mit dem Schmiedehammer auf dem Amboss ausarbeiten. Dabei wird das Material auch zu einer Seite verschoben, sodass drei Seiten der Stange parallel bleiben und alles Material nach oben verschoben wird. Die Form über dem Ambosshorn zu einer Kehlung ausarbeiten, sodass das Ende des Stabs hochgezogen ist.

Das Material für den Zapfen mit dem Abschrot unter dem Maschinenhammer absetzen. Dazu mit dem Abschrot zunächst direkt in die hochgezogene Spitze arbeiten. Sobald die Zapfenschultern auf drei Seiten abgesetzt und ausgeformt sind, den Zapfen mit Setzhammer und Vorschlaghammer auf dem Amboss ausschmieden. Dabei sorgsam arbeiten und den Stab häufig wenden, damit der Zapfen nicht zu sehr auf eine Seite wandert. Er sollte am Ende einen Umfang von 25 × 10 mm und eine Länge von 51 mm haben. Der Überschuss wird vor dem Zusammenbau abgeschrotet.

Den Stab unter dem Maschinenhammer 203 mm hinter der Zapfenschulter auf 25 × 19 mm herunterschmieden. Die Kehlung mit der runden und den geraden Abschnitt mit der flachen Bahn des Schlichthammers glätten. Den Stab 203 mm hinter der Zapfenschulter abschroten und das Ende für das Anschweißen anschärfen.

Sobald die zweite Hälfte der unteren Traverse auf dieselbe Weise geschmiedet ist, die angeschärften Enden gleichzeitig und gleichmäßig auf Schweißtemperatur erhitzen. Zusammen mit einem Helfer, der eine Hälfte hält, die beiden Teile unter dem Maschinenhammer zusammenschweißen und wieder auf den benötigten Umfang schmieden. Bei korrekter Hitze und dem richtigen konstanten Druck des Hammers sollte die Schweißung in einer einzigen Hitze halten. Die Schweißstelle sollte nach dem Zurückschmieden so gut wie unsichtbar sein.

Die Schultern der abgesetzten Zapfen mit einer Vierkantfeile glätten und mit einem Schmiedewinkel überprüfen. Die fertige Traverse misst 406 mm von Schulter zu Schulter.

Die obere Traverse entsteht auf wesentlich unspektakulärere Weise. Da die Zapfen nur an zwei Seiten des 51 × 10-mm-Flachstahls Schultern haben, kann man sie mit einem Silberstift anreißen und auf der Bandsäge schneiden. Man könnte die Zapfen natürlich auch schmieden, aber das Schneiden führt zum selben Ergebnis.

SCHRITT 6: ZUSAMMENBAU

Die Montage ist bei diesem Teil sehr einfach. Zunächst die obere Traverse in den Schraubstock spannen und den Zapfen im oberen Loch eines Pfostens festhämmern und zu einem Schließknopf ausformen. Der untere Zapfen wird genauso befestigt, nur dass er sowohl durch den Pfosten als auch durch das Bein geführt wird. Am besten hält ein Helfer den Pfosten stabil, während man ein Bein befestigt. Die fertige Seite auf den Amboss legen und Pfosten und Bein auf der anderen Seite befestigen. Die 16-mm-Rundstäbe für das Hammerreck durch die versetzten Löcher stecken und durchschieben.

ALLTAGSGEGENSTÄNDE

BUCHSTÜTZEN

GESCHMIEDET VON JP SHEPARD UND MATT GARTON

MATERIAL

- 25 × 5-mm-Flachstahl, 660 mm lang, 2 Stück
- 19-mm-Rundstahl, 25 mm lang, 4 Stück
- 51 × 13-mm-Flachstahl, 445 mm lang, 2 Stück
- 6 × 48-mm-Niete

WERKZEUG

- Maschinenhammer mit flachen Schmiedesätteln
- 19-mm-Kehlhammer für den Maschinenhammer
- Ständerbohrmaschine
- Schmiedehammer
- Amboss
- Biegezangen
- Ziehgabeln

Ein guter Koch riet mir einmal, ich solle ohne Knoblauch und Olivenöl kochen, wenn ich ein besserer Koch werden wolle, denn beide sind köstlich, aber sie sind auch allgegenwärtig. Wenn man sich beim Kochen also ständig auf diese beiden Zutaten verlässt, hält man sich selbst davon ab, andere Geschmacksnoten auszuprobieren. Bricht man aus den gewohnten Bahnen aus, sind ganz überraschende Geschmackskombinationen möglich.

Der Schnörkel ist für den modernen Schmied, was dem Koch Knoblauch und Olivenöl sind – vermutlich das beliebteste und allgegenwärtigste Gestaltungselement aller Zeiten. Der ursprünglich als Eckversteifung dienende Eisenschnörkel wird seit Jahrtausenden von Künstlern und Architekten sowohl geschmackvoll als auch gelegentlich im Übermaß genutzt. Der allgegenwärtige Schnörkel ist für viele gleichbedeutend mit Schmiedekunst, aber wie bei der beliebten Kombination aus Knoblauch und Olivenöl sollte man sich nicht ausschließlich auf ihn verlassen und sich dadurch vieler kreativer Möglichkeiten berauben.

Wenn der Kunde es nicht ausdrücklich wünscht (was aber häufig der Fall ist), verzichten wir gerne auf Schnörkel. Ich habe nichts gegen Schnörkel und schmiede sie eigentlich auch gerne, da sie auch eine gute Schmiedeübung sind. Wenn wir mit Schnörkeln arbeiten, fasen wir sie gerne an, weil dies attraktive dreidimensionale Linien ergibt. Die Arbeit ist auch recht schwierig und stellt damit immer wieder eine Herausforderung dar.

Diese Buchstützen sind eine moderne Interpretation eines alten Klassikers. Der einfache, geradezu industriell wirkende L-förmige Winkel und die zylindrischen Abstandshülsen bieten einen harten Kontrast zu den eleganten Schnörkeln, die dem Winkel Stabilität verleihen.

SCHRITT 1: DIE WINKEL KEHLEN UND BIEGEN

Die 51 × 13-mm-Flachstähle 171 mm von einem Ende entfernt anreißen und dort einkehlen. Den Kehlhammer dazu 6 mm tief in den Stahl treiben und das Werkstück um die Einkehlung herum im 90-Grad-Winkel biegen.

SCHRITT 2: DIE SCHNÖRKEL SCHMIEDEN

Eine 76 mm lange Spitze an den 5-mm-Flachstahl schmieden und zu einem J formen. Dies erfolgt in 2–3 Hitzen und abwechselnd auf Ambossbahn und -horn. Beide Kanten der Krümmung mit der gerundeten Seite eines Hufschmiedehammers anfasen.

SCHRITT 3: DIE SPIRALEN FORMEN

Dies ist der schwierige Teil. Das Ende des Schnörkels sorgfältig über dem Ambosshorn biegen und das Werkstück dabei nach und nach drehen, um gleichzeitig eine Spirale mit Drehung zu erzeugen. Die Spitze durchläuft dabei eine Drehung um 90 Grad.

SCHRITT 4: DEN RESTLICHEN SCHNÖRKEL BIEGEN

Die 90-Grad-Drehung sollte 152 mm hinter der Spitze des Schnörkels abgeschlossen sein. Den Rest des Werkstücks mit Biegezangen und der Hilfe einer gezeichneten Vorlage zum fertigen Schnörkel formen.

SCHRITT 5: ZUSAMMENBAU

Schnörkel, Abstandshalter und Winkel zusammenlegen und die Nietlöcher anreißen. Die 19-mm-Abstandshalter mittig durchbohren und entsprechende Löcher durch Schnörkel und Winkel bohren. Die Löcher auf den Rückseiten der Winkel versenken, sodass die Nietköpfe am Ende bündig sind. Die Einzelteile auf dem Ambosshorn miteinander vernieten.

UNTERSETZER
GESCHMIEDET VON JP SHEPARD

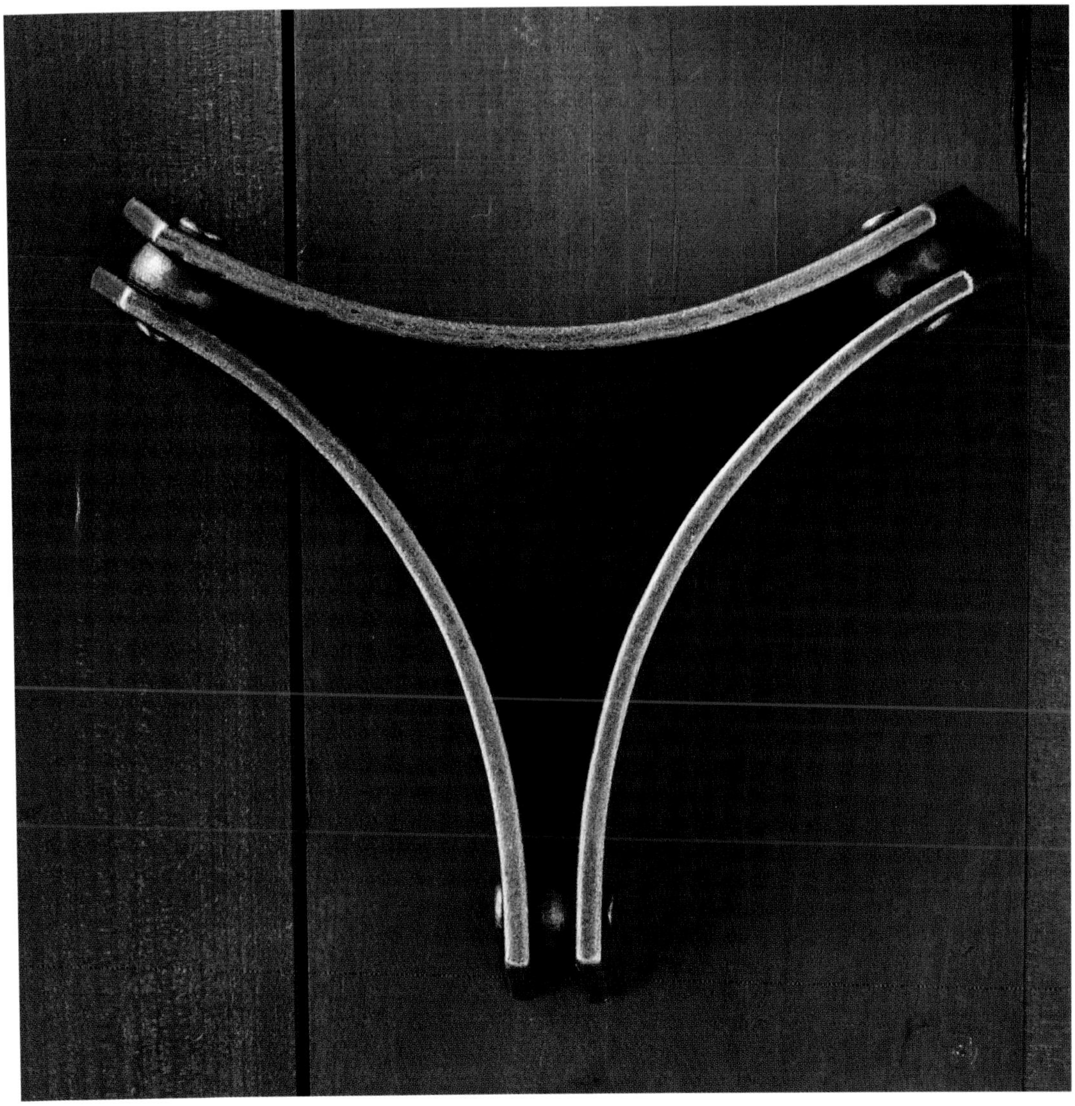

MATERIAL

- 38 × 6-mm-Flachstahl, 229 mm lang, 3 Stück
- 19-mm-Rundstahl, 25 mm lang, 3 Stück
- 6 × 35-mm-Niete

WERKZEUG

- Maschinenhammer mit flachen Schmiedesätteln
- Gehrungs-Bandsäge
- Ständerbohrmaschine
- Akkubohrmaschine
- Schmiedehammer
- Amboss
- Biegeschablone mit 178 mm Radius
- Ziehgabeln
- 90-Grad-Winkelschablone für Schraubstock

Dieser Topfuntersetzer ist eine schöne Übung in geometrischer Symmetrie, Schablonenherstellung, Stauchen und einfacher Montage. Das klare, moderne Design nutzt Nieten und Abstandshülsen als Designelemente, sodass aus nur wenigen Teilen ein elegantes und modernes Stück entsteht. Ein ähnliches Design findet sich auch beim Beistelltisch weiter hinten in diesem Buch.

SCHRITT 1: DIE BÖGEN BIEGEN

Beide Enden der Flachstähle im 75-Grad-Winkel absägen und die Stähle in der Propangasesse gleichmäßig erhitzen. Die Werkstücke mithilfe von Ziehgabeln und der Biegeschablone biegen.

SCHRITT 2: DIE ABSTANDSHALTER SCHMIEDEN

Die 19-mm-Rundstähle unter dem Maschinenhammer auf 16 mm Länge stauchen. Diese werden zu den Abstandshaltern zwischen den Bögen des Untersetzers.

SCHRITT 3: DIE LÖCHER BOHREN

In der Mitte der Bögen jeweils 13 mm vom Ende entfernt ein Loch anreißen und unter der Ständerbohrmaschine 6-mm-Löcher für die Nieten bohren. Die Abstandshalter in den Schraubstock spannen und ebenfalls mittig durchbohren.

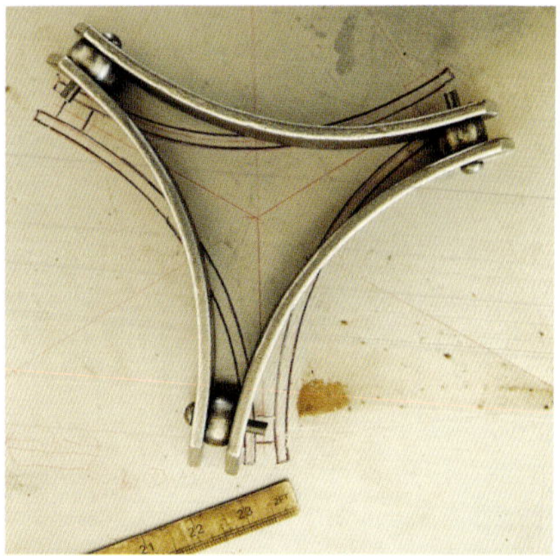

SCHRITT 4: ZUSAMMENBAU

Alle Teile drahtbürsten und dann mithilfe des Schmiedehammers miteinander vernieten. Die Teile einzeln vor dem Zusammenbau drahtbürsten, da man nach dem Zusammenbau nicht mehr alle Stellen erreicht.

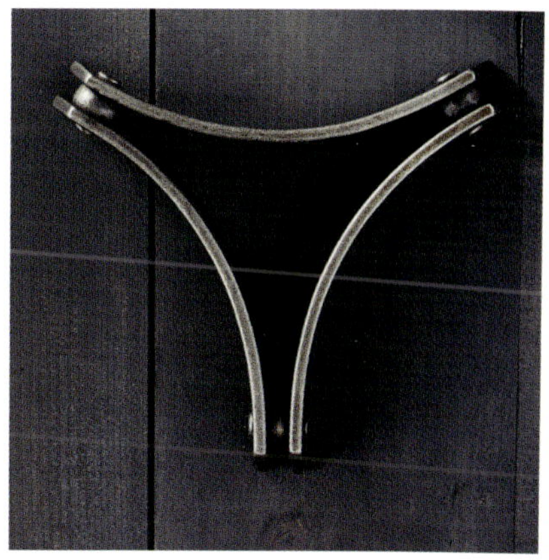

TÜRGRIFF
GESCHMIEDET VON ROBERT THOMAS

MATERIAL

- 32-mm-Rundstahl, 279 mm lang
- M10 × 1,5 Sechskantschrauben, 38 mm lang

WERKZEUG

- Maschinenhammer mit Kehlsätteln
- 19-mm-Federkehlgesenk
- Schmiedehammer
- Lederhammer
- Amboss
- Meißel
- Ständerbohrmaschine
- M10 x 1,5 Gewindebohrer

Schmiede stellen schon seit Jahrtausenden Türbeschläge her. Anfangs ging es dabei sicherlich vorwiegend um Praktikabilität und Sicherheit. Aber spätestens im Barock dienten Türbeschläge, wie alle Schmiedearbeiten, auch als Dekoration. Selbst in Zeiten zurückhaltender Verzierungen galt Türgriffen immer ein besonderes künstlerisches Augenmerk, vermutlich, weil wir sie regelmäßig in die Hand nehmen. Türgriffe müssen sowohl ästhetischen als auch taktilen Ansprüchen genügen. Im Gegensatz zu den meisten anderen Schmiedearbeiten muss ein Türgriff nicht nur ansprechend aussehen, sondern sich auch gut anfühlen.

SCHRITT 1: DIE WINKEL KEHLEN

Den Rundstahl jeweils 51 mm von den Enden entfernt rundum mit dem Meißel anreißen. Die angerissenen Enden mit dem Federgesenk rundum auf 19 mm Dicke einkehlen. Dadurch verlängert sich die Stange insgesamt um etwa 38 mm.

SCHRITT 2: DEKORIEREN

Den Griff mit leichten Schlägen mit den Kehlsätteln rundum mit einem Hammerschlagmuster verzieren. Diese Textur erreicht man am besten bei Rotglut und mit vielen leichten Schlägen.

SCHRITT 3: BIEGEN

Die Enden des Werkstücks mit dem Lederhammer im 90-Grad-Winkel biegen, um Hammerspuren durch die hierfür benötigte große Kraft der Schläge zu vermeiden. In die abgekühlten Enden des Werkstücks mittig Schraubenlöcher bohren und mit Gewinden versehen.

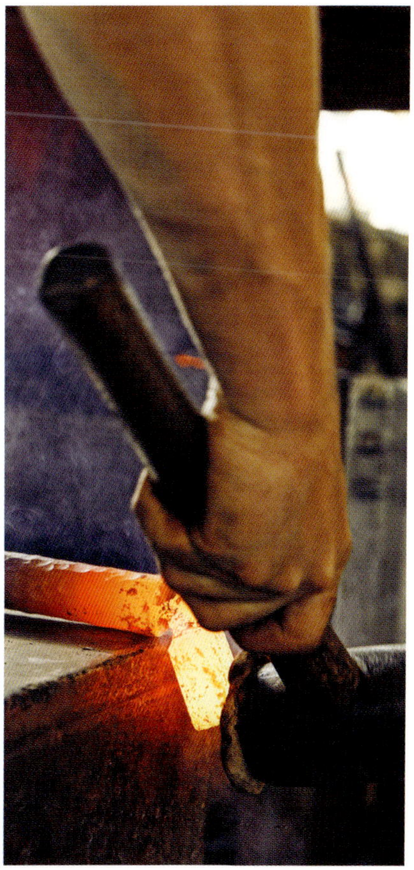

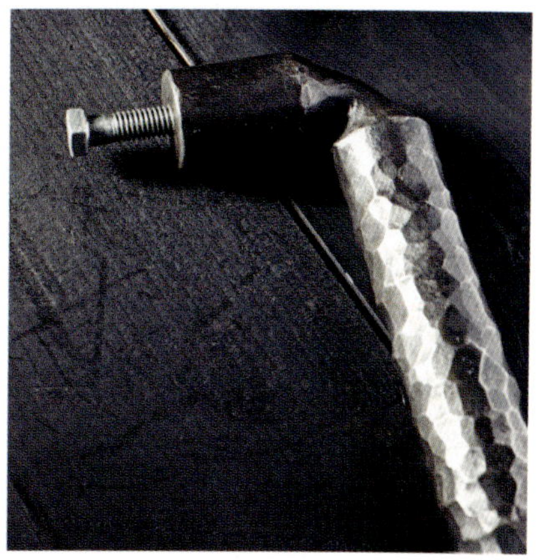

KAMINBESTECK

GESCHMIEDET VON ROBERT THOMAS, MATT GARTON UND JP SHEPARD

MATERIAL

- 32-mm-Rundstahl, 203 mm lang, 2 Stück
- 32-mm–Rundstahl, 254 mm lang, 2 Stück
- 6 × 25-mm-Flachstahl, 64 mm lang
- 5 × 102 × 406-mm-Stahlplatte
- 152 × 127 × 1,5-mm-Stahlplatte
- 10 × 38-mm-Niete
- 6 × 25–mm-Niete
- 5 × 10-mm–Niete

WERKZEUG

- Maschinenhammer mit Kehlsätteln
- 19-mm-Federkehlgesenk
- Schmiedehammer
- Kugelhammer
- Meißel
- 13-mm-Lochmeißel
- 10-mm-Runddorn
- Ambossgabel
- Lederhammer
- Amboss
- Ständerbohrmaschine
- Schweißbrenner
- Biegezange

Das Kaminbesteck oder Ofenbesteck, wie es auch manchmal genannt wird, ist bis heute eine klassische Schmiedearbeit. Es gehört neben jeden Kamin und wird daher auch von fast jedem Kunstschmied angeboten. Dabei haben Schmiede ihren ganz eigenen Stil. Für ein gelungenes Design sind drei wichtige Faktoren ausschlaggebend: Funktion, Ästhetik und Ergonomie. In allererster Linie handelt es sich um Werkzeug und daher sollte es auch so gestaltet werden. Schließlich nimmt der Kunde diese Werkzeuge jedes Mal in die Hand, wenn er den Kamin anfeuert, und wird sie schnell austauschen, wenn sie sich als unpraktisch erweisen. Die Griffe sind genauso gestaltet wie der Türgriff im vorigen Projekt und liegen dadurch sehr gut in der Hand. Die Griffe sind massiv und schwer und balancieren die jeweiligen Werkzeuge perfekt aus. Wenn Sie sich Ihr eigenes Besteck anfertigen, werden Sie feststellen, dass ein schönes Design nicht immer praktisch ist oder gut in der Hand liegt. Daher ist es immer eine gute Idee, zunächst einen Prototyp anzufertigen und zu testen, bevor man das komplette Besteck schmiedet.

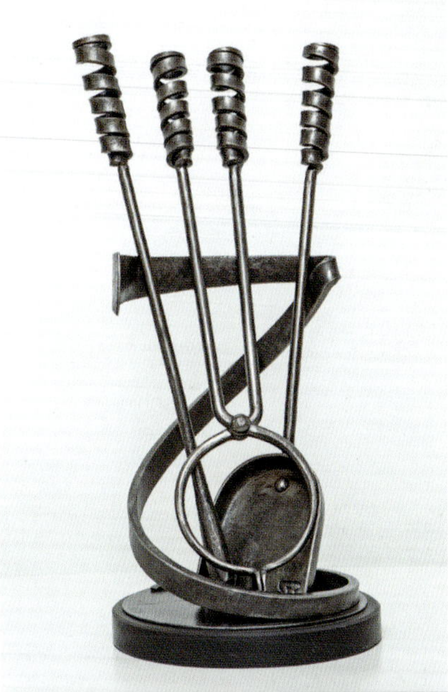

Dieses Kaminbesteck wurde von James Price geschmiedet. Er verzichtet auf die traditionelle Aufhängung der meisten Ofenbestecke. Ein geschwungenes Stahlband umschlingt die drei Werkzeuge, die auf einer Schieferplatte ruhen. Die Griffe greifen das geschwungene Design des Ständers auf.

SCHRITT 1: ENTWURFSZEICHNUNG

Einen Konstruktionsplan im Maßstab 1:1 zeichnen, der bei der Arbeit immer wieder als Referenz dient. Wir zeichnen hier alle drei Werkzeuge und die Wandhalterung.

SCHRITT 2: DIE GRIFFE SCHMIEDEN

Alle vier Griffe direkt nacheinander schmieden, damit sie gleichmäßig werden. Alle vier 32-mm-Rundstähle bei 102 mm anreißen und mit dem Federgesenk auf 19 mm Dicke einkerben. Die Griffe mit leichten Schlägen mit den Kehlsätteln unter dem Maschinenhammer rundum mit Hammerschlagmuster versehen. Dazu erhitzt man das Werkstück am besten rotglühend.

SCHRITT 3: DIE STIELE ABSETZEN

Direkt unterhalb der Einkerbung das Material nochmals absetzen und mit dem Federgesenk auf einen quadratischen Querschnitt mit 16 mm Kantenlänge herunterschmieden. Am Ende der beiden 203-mm-Stücke 89 mm Material stehen lassen und am Ende der 254-mm-Stücke 140 mm Material stehen lassen.

SCHRITT 4: DIE VERJÜNGUNG SCHMIEDEN

Das abgesetzte Material allmählich zum Ende hin verjüngen. Die Längen sind wie folgt:

- Haken: 660 mm mit einem quadratischen Endquerschnitt von 10 mm Kantenlänge.
- Zangenschenkel: 686 mm, die letzten 381 mm rund auf 13 mm Durchmesser geschmiedet.
- Schaufel: 508 mm mit einem quadratischen Endquerschnitt von 13 mm Kantenlänge.

SCHÜRHAKEN

SCHRITT 5: DEN HAKEN SCHMIEDEN

Mit dem Schmiedehammer mit Querfinne das Hakenende zu einem 102 mm langen Blatt mit einer 51 mm breiten Basis und einer stumpfen Spitze formen. Die Ränder flach ausarbeiten, um die Reinigung des Feuerkastens zu erleichtern. Das flache Blatt in ein V-Profil der Gesenkplatte legen und mit der Querfinne leicht konkav ausarbeiten. Dadurch wird das Blatt stabiler. Anschließend die Stange mithilfe der Ambossgabel hakenförmig biegen.

FEUERZANGE

SCHRITT 6: DIE ZANGENSCHENKEL SCHMIEDEN

305 mm vom Ende der Schenkel entfernt mit dem 13 mm Lochmeißel ein Loch für das Auge schlagen und mit dem 10-mm-Runddorn aufdornen.

SCHRITT 7: DIE GREIFBACKEN SCHMIEDEN

Die vorderen Enden der Zangenschenkel mit dem Kugelhammer quer zu Greifbacken breiten.

SCHRITT 8: DIE ZANGENARME BIEGEN

Die Arme der Zange knapp unterhalb des Auges zu identischen Halbkreisen biegen und die Schenkel direkt oberhalb des Auges in entgegengesetzte Richtung biegen, sodass sie am Ende parallel stehen.

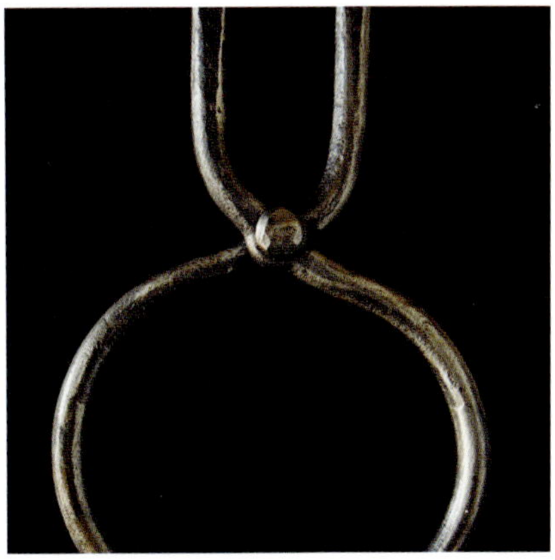

SCHRITT 9: DAS AUGE NIETEN

Die beiden Schenkel miteinander vernieten und dabei auf Gängigkeit achten.

SCHAUFEL

SCHRITT 10: DAS SCHAUFELBLATT FORMEN

Für das Schaufelblatt drei Kanten der 152 × 127 × 1,5-mm-Stahlplatte aufbiegen und die Ecken vernieten.

SCHRITT 11: DEN GRIFF ANBRINGEN

Die letzten 38 mm des Schaufelstiels mit dem Meißel aufspalten, im rechten Winkel aufbiegen und säubern. Jede der Zungen mit dem Kugelhammer glatt ausarbeiten und anschließend die Nietlöcher bohren. Das Schaufelblatt mit zwei 6-mm-Nieten befestigen.

WANDHALTERUNG

SCHRITT 12: DIE PLATTE DEKORIEREN

Mit dem Ballhammer die Schraublöcher vorschlagen und die Ecken dabei leicht herausziehen.

SCHRITT 13. DIE HAKEN SCHMIEDEN

Für die Haken vier Abschnitte des 6-mm-Flachstahls an einem Ende spalten und passend zur Einkerbung unterhalb des Werkzeuggriffs gabelförmig ausarbeiten. Das andere Ende zu einem Stift mit 13 mm Durchmesser schmieden, dann am Ende mit dem Kugelhammer flach schlagen und durchbohren.

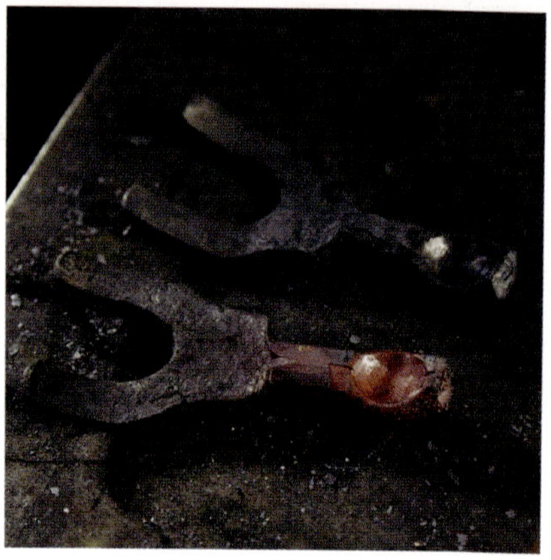

SCHRITT 14: DIE HAKEN MONTIEREN

Die Haken auf die Wandplatte nieten und mithilfe von Schweißbrenner und Biegezange in den gewünschten Winkel biegen.

FLASCHENÖFFNER
GESCHMIEDET VON ROBERT THOMAS

MATERIAL

25-mm-Rundstahl, 114 mm lang

WERKZEUG

- 51-mm-Kehlhammer
- Maschinenhammer oder Zuschläger mit Vorschlaghammer
- Schmiedehammer
- 19 × 3-mm-Durchschlag
- 25-mm-Runddorn
- 13-mm-Kugelhammer
- 25-mm-Zange

Ein Flaschenöffner ist etwas, das jeder Schmied irgendwann schmiedet, meistens sogar jede Menge davon. Weil Flaschenöffner so beliebte Schmiedeobjekte sind, kann es schwierig sein, mit einer ausgefallenen Form aufzuwarten.
Nachdem ich Flaschenöffner in jeder Größe und Form geschmiedet habe, weiß ich, dass er zwei Anforderungen auf jeden Fall erfüllen muss:

1. Funktion: Das Flaschenöffner muss den Kronkorken mühelos abheben können. Wenn er nicht ordentlich funktioniert, macht es keinen Spaß und schlimmstenfalls bricht sogar der Flaschenhals aus.

2. Ergonomie: Der Flaschenöffner muss satt und bequem in der Hand liegen. Wenn er sich nicht gut anfühlt, wird er schnell zum Briefbeschwerer.

Sind diese beiden Anforderungen erst einmal erfüllt, hat man beim Design freie Hand.

Dieses Exemplar liegt nicht nur gut in der Hand, sondern erfüllt auch seine Aufgabe.

Knoten-Flaschenöffner von J. Powers Shepard

Damaszenisierter Öffner von Jesse Savage

Industrieller Flaschenöffner von Sam Pearce

SCHRITT 1: DIE STANGE STAUCHEN

Die komplette Stange hellgelb erhitzen und von einem Ende ca. 25 mm und vom anderen ca. 51 mm abschrecken, sodass ein leicht aus der Mitte versetzter, gelbglühender Abschnitt zwischen zwei schwarzen, abgeschreckten Enden übrigbleibt. Die Stange zügig auf einen Durchmesser von ca. 38 mm in der Mitte stauchen, bevor der Stahl zu stark abkühlt. Dabei wird sich der Stahl beinahe unweigerlich nach außen biegen. Dies muss nicht korrigiert werden, da es im nächsten Schritt sogar von Vorteil ist.

SCHRITT 2: STRECKEN

Das gesamte Werkstück hellgelb glühend erhitzen und das kürzere Ende mit der Zange greifen. Das Werkstück mit der Biegung nach unten auf den Amboss legen und mit dem Kehlhammer in den Knick zwischen dem gestauchten und dem nicht gestauchten Abschnitt schlagen. Das Werkstück um 90 Grad drehen und den Stahl abwechselnd von beiden Seiten zur Mitte treiben. Das Werkstück sollte anschließend 140 mm lang sein.

SCHRITT 3: DURCHSCHLAGEN UND AUFDORNEN

Zunächst das gestreckte Ende des Werkstücks zur Vorbereitung auf das Durchschlagen flach schmieden. Den Durchschlag mittig auf die Fläche setzen, sodass hinter dem Loch 13 mm Material stehen bleiben. Bei glatt auf dem Amboss aufliegender Laffe den Durchschlag hineintreiben, bis die Rückseite sich aufwölbt. Das Werkstück wenden und das Material zur anderen Seite ausschlagen. Die Laffe erneut hellgelb glühend erhitzen und die Öffnung mit dem Dorn von beiden Seiten auf 25 mm aufdornen. Die Form mithilfe des Ambosshorns und des Schmiedehammers fein ausarbeiten, sodass sie schließlich 32 mm groß ist.

SCHRITT 4: DIE LEISTE SCHMIEDEN

Mit dem Kugelhammer am unteren Rand der Öffnung die Lippe formen, die später unter den Kronkorken fasst, um ihn abzuheben. Jetzt sollte sich die Laffe von selbst leicht nach oben gebogen haben. Wenn nicht, die Laffe mit dem Hammer sanft über dem Ambosshorn hochbiegen. Den Öffner an einer Flasche ausprobieren und die Biegung bei Bedarf nacharbeiten.

BEISTELLTISCH

GESCHMIEDET VON ROBERT THOMAS UND JP SHEPARD

MATERIAL

- 51 × 13-mm-Flachstahl, 610 mm lang, 3 Stück,
- 38 × 6-mm-Flachstahl, 229 mm lang, 3 Stück
- 6 × 38-mm-Niete, 6 Stück

WERKZEUG

- Schmiedehammer
- Maschinenhammer mit flachen Schmiedesätteln
- 76-mm-Kehlsattel für den Maschinenhammer
- Spindelpresse mit Dreipunkt-Biegeeinsatz
- Schlichthammer
- Biegeschablone mit 178-mm-Radius
- Biegegabeln
- 51-mm-Flachmaulzangen
- Körner
- Silberstift
- Säulenbohrmaschine mit 6-mm-Bohrspitze

Der Beistelltisch ist aufgrund seiner Größe und Vielseitigkeit ein gutes Einsteigerprojekt für den Möbelbau. Er ist auch für einen einzelnen Schmied viel einfacher zu realisieren als viele andere Möbelstücke. Das Design dieses modernen Tischgestells folgt bewusst einer zeitgenössischen Ästhetik, zu der runde Glas- oder Holzplatten besonders gut passen. Das Projekt nutzt viele Techniken, die wir bereits beschrieben haben, wie Entwurf, Verjüngen, Kehlen und Nieten.

SCHRITT 1: DIE VERJÜNGUNGEN SCHMIEDEN

Jeweils an ein Ende der 51-mm-Flachstähle, die später die Beine bilden, eine 559 mm lange Verjüngung schmieden. Die Materialdicke bleibt dabei bei 13 mm. Die Beine völlig gleichmäßig auf 19 mm am Ende verjüngen. Anschließend bleiben am anderen Ende 152 mm ungeschmiedeter Stahl stehen. Dann die Oberflächen der Verjüngungen rundum mit dem Schlichthammer glätten und darauf achten, dass alle drei Beine gleich lang und gleich geformt sind.

SCHRITT 2: DIE BEINKNICKE ABSETZEN

Mit dem Körner 140 mm vom ungeschmiedeten Ende jedes Beins entfernt eine Markierung anreißen. Sie muss tief genug sein, dass sie auch bei gelber Glut noch erkennbar ist. Das Bein mit dem unteren Kehlsattel auf eine Dicke von 13 mm absetzen und dabei darauf achten, dass Werkstück und Werkzeug korrekt ausgerichtet sind. Dieser Schritt muss in einer Hitze erfolgen, damit sich der Stahl gleichmäßig ausbreitet. Deshalb muss er hellgelb glühend sein und jeder Schlag muss mit voller Kraft geführt werden. Die so entstehende Form wird von unten vom Kehlsattel und von oben vom Flachsattel geformt.

SCHRITT 3: DIE BEINE BIEGEN

Die noch heißen Beine am dicken Ende beginnend auf den ersten 152–203 mm der Biegung unter der Spindelpresse biegen. Im heißen Zustand nicht weiter biegen, da sich der Rest des Bogens im kalten Zustand schneller erledigen lässt. Alle drei Beine identisch biegen und dann langsam ohne abzuschrecken abkühlen lassen. Sobald die Beine kalt sind, die Biegungen unter der Spindelpresse fertig ausformen.

SCHRITT 4: DIE KNICKE BIEGEN

Die abgesetzten Abschnitte an jedem Bein wieder gelbrot erhitzen und das Bein entsprechend der Konstruktionszeichnung mithilfe zweier auf einen Stahltisch geschraubter Biegestützen biegen. Anschließend werden beide Enden des Beins etwas länger als in der Konstruktionszeichnung sein. Sie werden später eingekürzt.

SCHRITT 5: DIE BÖGEN FÜR DEN TISCHRAHMEN BIEGEN

Die Rahmenelemente, die die Beine mit der Tischplatte verbinden, mithilfe von Biegegabeln und einer Biegeschablone biegen. Anschließend an jedem Ende zwei 6-mm-Löcher mit 19 mm Abstand parallel zur Schmalseite durchbohren.

SCHRITT 6: ZUSAMMENBAU

Die oberen Enden der Beine 102 mm vom Knick entfernt im gleichen Winkel wie die Rahmenteile ablängen. Jeweils ein Beinende zwischen zwei Bogenenden legen, sodass sie sich um 32 mm überlappen. Die Nietlöcher anreißen und bohren. Anschließend alle Teile mit 6-mm-Schrauben testweise miteinander verschrauben. Wenn alles korrekt sitzt, die Schrauben nacheinander durch Niete ersetzen.

Den Tisch sorgfältig ausrichten und die zu langen Beine anreißen. Die Beine grade ablängen, sodass der Tisch am Ende inklusive der 25 mm dicken Tischplatte 762 mm hoch ist.

FALLSTUDIE

GARTENTOR

ENTWORFEN VON JOHN WINER
GESCHMIEDET VON JOHN WINER, ROBERT THOMAS, TYLER BICKERSTAFF, MATT GARTON UND JP SHEPARD

John Winers Originalentwurf als Skizze und im richtigen Maßstab.

Das äußere Rechteck zeigt die Öffnung, die wir füllen mussten. Als praktische Funktion sollte das Tor genau diesen Raum füllen. Der Entwurf durchlief aber noch mehrere Entwicklungsstufen, bevor wir mit dem Schmieden anfingen.

John ist Berufsmusiker und Schmied und so sind viele seiner Entwürfe musikalisch inspiriert. In diesem Fall wollte er mit der Idee spielen, dass Schmiede wie Musiker harmonisch zusammenarbeiten. Das zentrale Thema ist eine abstrakte Figur, die eine Harfe spielt und deren Musik sich in alle Richtungen ausbreitet. Auch wenn der Entwurf sich im Verlauf der Arbeit ziemlich verändert hat, ist das Harfenthema auch im fertigen Tor noch gut zu erkennen.

Als Kunstschmiede holen wir uns überall Inspiration für unsere Entwürfe. Manchmal hat der Kunde oder der Architekt konkrete Vorstellungen, manchmal lässt der Kunde sich aber auch von uns beraten. Hin und wieder schmieden wir aber auch reine Schauobjekte ohne jede Vorgabe. Ob wir nach konkreten Vorgaben oder völlig frei arbeiten – beides hat seine ganz eigenen Herausforderungen. Auch in den Fällen, in denen der Kunde uns völlig freie Hand lässt, müssen wir darauf achten, dass unser Design auch in seine Umgebung passt, dem architektonischen Umfeld entspricht, seine Funktion erfüllt, nicht das Budget sprengt und vieles mehr. Zudem bringt jedes einzelne Projekt seine ganz eigenen Probleme und Überraschungen mit sich und wir müssen immer bereit sein, flexibel auf solche Probleme zu reagieren und darauf achten, dass unsere Arbeiten ihre Eigenständigkeit bewahren.

In der Werkstatt liegt der beste Ansatz der Problemlösung in der täglichen Arbeit. Beim Schmieden eines Werkstücks oder einer Form entdecken wir oft neue Möglichkeiten und Lösungen für ein Designproblem. Manchmal sind das schlicht Fehler, die auf dem Schrotthaufen landen, bis wir ein Projekt haben, bei dem wir genau diese spezielle Lösung gebrauchen können. Solche inspirierenden Momente tauchen schon häufig auf, wenn wir an unseren eigenen Projekten arbeiten, aber noch häufiger, wenn wir mit anderen Künstlern zusammenarbeiten.

Das folgende Projekt ist eine Fallstudie für die erfolgreiche Zusammenarbeit im Kunsthandwerk. In diesem Fall hat unser Team mit John Winer vom Entwurf bis zur Montage an der Erstellung eines dekorativen Gartentors zusammengearbeitet. Jeder Beteiligte hat seine eigene Perspektive und Arbeitsweise eingebracht, um etwas zu schaffen, das viel mehr ist als nur die Summe seiner Teile.

Bei einer solchen freien Kollaboration entwickelt sich der Entwurf beständig weiter. Das ursprüngliche Design für das Tor kam von John Winer, aber während wir daran arbeiteten, erlaubten wir dem Entwurf, sich organisch zu verändern, je nachdem, wie die Einzelteile beim Schmieden Form annahmen. Da die Teile sehr skulptural sind und von fünf individuellen Schmieden erstellt wurden, trägt jedes seine ganz eigene Handschrift. Keiner von uns konnte Johns Vision genauso realisieren, wie er es getan hätte, wir konnten einfach nur unsere eigene Interpretation in das Projekt einbringen. Natürlich sind die Interpretationsmöglichkeiten bei einem schlichteren, traditionelleren Design deutlich geringer. In einem solchen Fall dürfte man erwarten, dass wir alle zu den gleichen Resultaten kommen.

John schmiedet das zentrale Element aus einer 152 × 13 mm großen Stahlplatte mit den großen Kehlsätteln des 100-kg-Bêché-Hammers grob in Form. Hier formt er die Spitze am oberen Ende des Elements.

Das untere Ende arbeitet John extrem schmal zu einem breiten Fischschwanz als Fuß aus. Diese starke Verjüngung leitet das Auge des Betrachters zum oberen Ende des Elements.

John schmiedet den mittleren Bereich des Elements, der das strukturelle und visuelle Zentrum des Tors bildet, weiter schmal aus. Ich forme im Hintergrund die lange Spitze eines anderen Elements.

Wenn man zu mehreren gemeinsam an einem Projekt arbeitet, entsteht eine großartige positive Energie in der Werkstatt. Bilder wie dieses sind ein schönes Beispiel für die Harmonie, die John mit seinem Entwurf für das Tor einfangen wollte. Wenn alle so enthusiastisch an die Arbeit gehen, lässt sich in kurzer Zeit viel schaffen.

JP hält das Mittelteil fest, während John die untere Kante staucht. Wir wollten mit so wenig geraden Linien wie möglich auskommen, deshalb versieht John jede Oberfläche mit einer Biegung.

Nach dem Ausarbeiten der Verjüngung wird das Werkstück um ein großes Horn herum zu einer glatten und gleichmäßigen Rundung geformt. John nutzt dieses Horn für alle leichten Biegungen. Ich habe mit ihm an drei solchen Stücken gearbeitet und dabei sehr viel von ihm gelernt.

Ich arbeite hier mit Schraubstock und Biegezange an einem kreisförmigen Element.

Alle arbeiten harmonisch an den einzelnen Elementen des Tors.

John konsultiert die Konstruktionszeichnung und wir besprechen weitere Elemente, um die Leerräume zu füllen. Da es sich um ein Tor handelt, beschließen wir, aus Sicherheitsgründen mehr Elemente einzubauen.

John und JP arbeiten als Schmied und Vorschläger zusammen am Mittelteil. Die Zusammenarbeit mit einem Zuschläger gestaltet die Arbeit noch harmonischer und beide profitieren von der Energie des jeweils anderen.

Matt und Tyler breiten den Stahl mit Kehl- und Vorschlaghammer. Dabei achten sie darauf, gleichmäßig zu arbeiten und die Oberfläche zu texturieren.

Matt setzt das Material ab, das später zum Torgriff wird. Hierfür eignet sich dieses gerundete Werkzeug besonders gut.

Die Spindelpresse eignet sich hervorragend zum Erzeugen präziser Rundungen. Ich biege hier mit leichter Hand ein Stück Siliziumbronze.

John und JP nutzen hier geschickt einen Schrothammer, um einen spitzen Winkel zu formen, statt die Form rein zu schmieden. Dann öffnen sie den Schnitt und formen die Oberflächen und Biegungen mit einer Reihe unterschiedlicher Kehl- und Schlichthämmer. Die Enden des Werkstücks werden anschließend unter dem Maschinenhammer heruntergeschmiedet.

Verbindungstechniken sind ein ebenso wichtiger Teil des Entwurfs wie die kräftigen fließenden Linien und die angedeutete Bewegung der Hauptelemente. Im scharfen Kontrast zu den weiten Schwüngen setzen wir bei den Verbindungen auf elaborierte, eng gewickelte Bunde. Johns zentraler Bund ist locker und frei geformt und dient ebenso sehr als Blickfang wie als Strukturelement. Eine schlecht ausgeführte Wicklung kann eine Arbeit schnell billig wirken lassen oder aber, wenn sie wie in diesem Fall gut gemacht ist, den Entwurf dekorativ ergänzen. John Winers Bunde sind ein Markenzeichen seines Design-Stils, das er zu einem attraktiven und einzigartigen Verbindungselement entwickelt hat. Daneben verwenden wir auch immer wieder andere interessante Verbindungen, wie Nietverbindungen.

Gegenüber: Das fertige Tor weicht erheblich vom ersten Entwurf ab. Das ist auch völlig in Ordnung, weil dieses Projekt eher ein Experiment als ein aktueller Auftrag war. Es ging uns mehr darum, unser Verständnis und unser Gefühl für den geschmiedeten Stahl zu vertiefen und zu erweitern. Ich halte das fertige Projekt für gelungen, aber viel wichtiger ist, dass wir uns in der Zusammenarbeit als Kunsthandwerker weiterentwickelt haben.

DANK

Ein Großteil meiner Karriere, inklusive dieses Buches, wäre ohne die Liebe und Unterstützung meiner wunderbaren Frau Natalie nicht denkbar. Egal, was alles Verrücktes passiert oder welche zeitraubenden Projekte auftauchen, Du sagst mir nie, ich könne etwas nicht tun. Du findest immer Wege, mich zu unterstützen, und fegst die Reste wieder zusammen, wenn ich überfordert bin. Mit Dir an meiner Seite fühle ich mich, als könnte ich alles erreichen. Danke!

Danke an meine Tochter Rhett. Du warst erst zwei Monate alt, als ich anfing, dieses Buch zu schreiben, und wirst dich also vermutlich nicht erinnern, wie viel du mir geholfen hast, aber das hast du. Wenn ich vom Schmieden müde war und mich gar nicht zum Schreiben hinsetzen wollte, gabst du mir einen Grund, weiterzuarbeiten. Wenn der Stress, ein Unternehmen zu führen und gleichzeitig ein Buch zu schreiben an mir nagte, half das Spielen mit dir und dich lachen zu sehen mir wieder auf die Beine. Wenn ich einfach mal eine Nacht gut durchschlafen musste, hast du mich – manchmal – schlafen lassen.

An meine Schwester Sarah: Danke, dass Du mir beigebracht hast, das Schreibhandwerk zu schätzen. Danke für Deine Hilfe, meine Gedanken zu ordnen und sie auf Papier zu bringen. Danke für die Stunden an Recherche, Korrekturlesen, Überarbeitung und Kritik, die Du immer kurzfristig zu leisten bereit warst. Danke, dass du nüchterne Fakten über Metall spannend klingen lässt. Danke, dass Du mir beigebracht hast, wie man ein Semikolon nutzt. Ohne Dich als Schwester wäre ich dieses Projekt nie angegangen und ohne Deine Hilfe wäre es nie wahr geworden.

Danke, Sully Sullivan. Danke für deine Zeit und Deine Vision. Deine Fotos lassen unser Handwerk besser aussehen, als ich es mir je erträumt hätte. Danke, dass Du Dich für dieses Projekt so begeistern konntest wie ich, und es mit demselben Enthusiasmus angegangen bist. Danke für Deine großartigen Fotos, mit denen das Buch auch ohne ein einziges Wort fantastisch geworden wäre.

Ein riesiges Danke an das RTID-Team: Matt, Tyler und JP. Ich danke Euch für die langen Nächte harter Arbeit in Vorbereitung auf dieses Projekt. Danke, dass ihr die Stellung gehalten habt, während ich geschrieben habe. Danke, dass ihr weiterhin erstklassige Schmiedearbeiten herstellt. Ohne Euch hätte ich all das niemals geschafft!

Danke, John Winer. Danke, dass Du mit uns gearbeitet und Dein Wissen, Deine Technik und Deine Sicht des Handwerks mit uns geteilt hast. Danke für die Hilfe, dieses Buch Wirklichkeit werden zu lassen. Danke, dass Du uns daran erinnert hast, wie wichtig es ist, Freude am Schmieden zu haben.

Danke an alle, die mir etwas über das Schmieden beigebracht haben: Adrian Legge, bei dem ich meine erste Zange geschmiedet habe: Danke, dass Sie mir beigebracht haben, komplexe architektonische Entwürfe umzusetzen und dass Sie mir beim Inhalt dieses Buches durch Ihre bedächtige, unverblümte und manchmal auch harsche Kritik geholfen haben.

Danke, Kheir Aker, dass Sie mir beigebracht haben, dass die Sprache des Schmiedens universell ist und dass sie als Brücke zwischen Ländern, Kulturen und Religionen dienen kann. Danke, dass Sie mir gezeigt haben, wie brennende Leidenschaft für unser Handwerk aussieht.

Und schließlich Danke an alle, die Bilder zu diesem Projekt beigetragen haben: John Winer, Patrick Quinn, Andrew Chambers, Ambrose Burne, James Price, Sam Pearce, Jesse Savage und Steve Howell.

REGISTER

A

Absetzen, 74
Abschrot, 77
Abschrotwerkzeug, siehe Schneidewerkzeug
Amboss, 42, 68
Ambossgabel (Projekt), 98–101
American College of Building Arts (ACBA), 70
Anlassen, 83
Anyang-Hammer, 45
Art-and-Crafts-Design, 27, 28
Asymmetrie, 86
Aufdornen, 52, 73
Aufwölbungen, 51

B

Balance, 86
Bandsäge, 62
Barock, 24–25
Bauhausstil, 28
Beaux-Arts-Stil, 27
Beché-Lufthammer, 44–45
Beistelltisch (Projekt), 147–149
Bessemer-Verfahren, 17
Bronzezeit, 13
Brutalismus, 28
Buchstützen (Projekt), 130

C

Comfort Tiffany, Louis, 27
Cort, Henry, 26

D

3-D-Formen, 69
3-D-Modelle, 91
Design
- 3-D (Projekt), 91
- Art-and-Crafts-Design, 27, 28
- Asymmetrie, 86
- Balance, 86
- Barock, 24–25
- Bauhausstil, 28
- Beaux-Arts-Stil, 27
- Brutalismus, 28
- Entwürfe, 90–91
- implizierte Bewegung, 89
- Konstruktionsplan, 67
- Konstruktionszeichnungen, 91
- Kunsthandwerk, 34–35
- Maßstab, 89
- Neoklassizismus, 26
- Rokoko, 24–25
- Skizzen, 91
- Symbolik, 88
- Symmetrie, 86
- Übertreibung, 89
- Werkstätten, 38
- Wiederholung, 87

Doppelter Dickzirkel (Projekt), 117–119
Dorn (Projekt), 106–107
Durchschlag (Projekt), 102–103
Durchschläge, 51

E

Eiffelturm, 26, 80
Eisen
- Bessemer-Verfahren, 17
- Eisenstruktur, 15
- Kohlenstoff, 17
- Roheisen, 17
- Schmiedeeisen, 17, 28
- Stahl, 17
- Ursprung, 15

Eisenzeit, 13
Entwürfe, 90–91
Esse, 46

F

Feuerschweißen, 81
flache Werkzeuge für den Maschinenhammer, 71
Flaschenöffner (Projekt), 144–146
Flaschenschraubstock, 59
Freiformschmieden, 68, 70
Freihandformen, 69

G

Gartentor (Projekt), 150–157
Geschichte des Schmiedens
- Art-Nouveau-Stil, 27
- Art-and-Crafts-Stil, 27
- Barock, 24–25
- Beaux-Arts-Stil, 27
- Bronzezeit, 13
- Eisenzeit, 13
- Hämmer, 48
- Kupferzeit, 13
- Neoklassizismus, 26
- Rokoko, 25
- Vergoldetes Zeitalter Amerikas, 44

Gesenkschmieden, 70
Gitter, 58
Guimard, Hector, 27

H

Hämmer
- Anyang-Hammer, 45
- Arbeit am Maschinenhammer, 70–71
- Beché-Lufthammer, 44–45
- Geschichte, 48
- Hammer (Projekt), 108–110
- Handschmiedehämmer, 48
- Little Giant, 44
- Setzhämmer, 54

Handschuhe, 37
Härtebecken/Löschbecken, 58
Härten, 83
Horta, Victor, 27
hydraulische Lochstation, 63, 72
hydraulische Pressen, 47

I

implizierte Bewegung, 89

J

Jungendstil, 27, 28

K

Kaminbesteck (Projekt), 138–143
Kehlen, 56, 74
Kehlhammer und -schrot (Projekt), 114–116
Kehlschrote, 71
Konstruktionsplan, 67
Konstruktionszeichnungen, 91
Kugelhammer (Projekt), 111–113
Kupferzeit, 13

L

Little-Giant-Hammer, 44
Loch- und Gesenkplatte, 60
Lochen, 72
Lochtische, 57–58
Lochwerkzeug, 51, 72

M

Maßstab, 89
Maschinenhämmer, 70–71
Meißel, 53
Meißel (Projekt), 104–105
Metallbau, 20
Montagetische, 57–58, 67

N

Neoklassizismus, 26
Nieten, 80

O

Oberflächenbehandlung, 82

P

Planung, 67
Pressen, 47
Propangasesse, 46
Puddelverfahren, 26

Q

Quinn, Patrick, 35

R

Repoussé-Technik, 79
Roheisen, 17
Rokoko, 24–25

S

Säulenbohrmaschine, 62
Schleifgeräte, 61
Schlichthammer, 55, 71
Schmied und Zuschläger, 42
Schmiedeeisen, 17, 28
Schmiedekunst, 34–35
Schmieden
- Freiformschmieden, 70
- Gesenkschmieden, 70
- Handschmieden, 68
- Metallbau, 20
- Oberflächenbehandlung, 82
- Schmiedemethoden, 19

Schmiedewerkstatt
- Amboss, 42, 68
- Entwurf, 38
- Esse, 46
- Gitter, 58
- Härtebecken/Löschbecken, 58
- Lochtische, 57–58
- Montagetische, 57–58, 67
- Sicherheit, 37
- Werkstattgrößen, 38

Schmiedewinkel (Projekt), 120–122
Schneidewerkzeuge, 71
Schweißen
Feuerschweißen, 81
Schweißausrüstung, 61
Setzhammer, 54
Sicherheit, 37
Skizzen, 91
Spindelpresse, 47
Stahl, 17
Stauchen, 76
Strecken, 74
Symbolik, 88
Symmetrie, 86

T

Tijou, Jean, 24, 25
Tische, 57–58
Treiben, 78
Türgriff (Projekt), 136–137

U

Übergangsmetalle, 15
Übertreibung, 89
Untersetzer (Projekt), 133–135

V

Verjüngen, 75
Verzapfen, 77

W

Walzenbiegemaschine, 63
Wärmebehandlung, 83
Weichglühen, 83
Werkzeuge
Abschrot, 77
Amboss, 42, 68
Ambossgabel (Projekt), 98–101
Bandsägen, 62
Doppelter Dickzirkel (Projekt), 117–119
Dorn (Projekt), 106–107
Dorne, 52, 73
Durchschlag (Projekt), 102–103
Flaschenschraubstock, 59
Hammer (Projekt), 108–110
Hämmer, 48
Handschuhe, 37
hydraulische Lochstation, 63
hydraulische Pressen, 47
Kehlhammer und -schrot (Projekt), 114–116
Kehlhämmer, 56, 74
Kehlschrote, 71
Kugelhammer (Projekt), 111–113
Loch- und Gesenkplatte, 60
Lochwerkzeug, 51, 72
Maschinenhammer, 44–45
Meißel (Projekt), 104–105
Meißel, 53
Pressen, 47
Säulenbohrmaschine, 62
Schleifgeräte, 61
Schlichthämmer, 55, 71
Schneidewerkzeuge, 71
Schweißausrüstung, 61
Setzhammer, 54
Spindelpresse, 47
Walzenbiegemaschine, 63
Werkzeugständer (Projekt), 123–129
Werkzeugständer, 64
Zange mit seitlichem Maul (Projekt), 94–97
Zangen, 50
Werkzeugständer (Projekt), 123–129
wiederholte Designelemente, 87

Z

Zange mit seitlichem Maul (Projekt), 94–97
Zangen, 50
Zapfenverbindung, 77

BEZUGSQUELLEN UND WEITERE TIPPS

WERKZEUG UND MASCHINEN

DEUTSCHLAND

Angele
Fachhändler für Produkte aus den Bereichen Schmieden und Giessen, mit eigenem Flohmarkt auf der Website für Gebrauchtwaren von Kunden
www.angele.de

Steinbrock
Schmiedewerkzeuge
www.steinbrock.com

Otelo Industrial Tooling Expert
www.otelo-werkzeug.de

Schweisshelden
Onlineshop für Schweißtechnik
www.schweisshelden.de

Expondo
Handwerksbedarf, führt unter anderem Schweißgeräte im Sortiment
www.expondo.de

Gustav Wolff Maschinenfabrik
Maschinenhämmer, Hydraulikpressen etc.
www.gustav-wolff.de

OEZWERK Maschinenhandel & Schmiedeeinrichtung
Maschinenhämmer, Hydraulikpressen etc.
www.oezwerk.de

SCHWEIZ

Schaller Maschinen
Händler für gebrauchte als auch neue Maschinen und Werkzeuge
www.schaller-maschinen-ag.ch

Otelo Industrial Tooling Expert
de.otelo.ch

Expondo
Handwerksbedarf, führt unter anderem Schweißgeräte im Sortiment
www.expondo.ch

ÖSTERREICH

Spiral
Werkzeug- & Maschinenhandel
www.spiral.at

Baiers Enkel
Werkzeuge (u. a. Lederhammer)
www.baiers.at

Expondo
Handwerksbedarf, führt unter anderem Schweißgeräte im Sortiment
www.expondo.at

Zultner
spezialisiert auf Schweißtechnik
www.zultner.at

KK Industries
Maschinenhandel, Maschinenhämmer, Hydraulikpressen etc. auch Verkauf von gebrauchten Maschinen
www.kk-industries.eu

GEBRAUCHTE WERKZEUGE UND MASCHINEN ERSTEIGERN

www.dechow.de/Werkzeuge

www.surplex.com

STAHL

Zum Kunstschmieden können Sie häufig Stahl vom Schlosser kaufen. Härtbaren Stahl bekommen Sie im Fachhandel. Wir empfehlen, einen Schlosser aus Ihrer Region nach lokalen Bezugsquellen zu fragen.

DEUTSCHLAND

Stahlshop
www.stahlshop.de

Schmiedekult
www.schmiedekult.de

SCHWEIZ

Keller-Stahl AG, Frauenfeld
www.kellerstahl.ch

ÖSTERREICH

Zultner
www.zultner.at

INTERNETFORUM ZUM SCHMIEDEN

www.schmiededaseisen.de

ÜBER DAS TEAM BEI

MATTHEW GARTON begann seine Laufbahn als Schmied in England, wo er in seiner Heimatstadt Lewes in einer Schmiede arbeitete. Anschließend studierte er an der *National School of Blacksmithing* in Hereford, wo er während des dreijährigen Programms unter Anleitung des Schmiedemeisters seine eigene Design-Philosophie entwickelte und seine Schmiedekünste verfeinerte. Nach dem Bachelor-Abschluss ging er auf Gesellenwanderung und arbeitete für verschiedene Schmiede in Europa und Nordamerika, gab Kurse und leitete Workshops zu unterschiedlichen Schmiedetechniken. Heute ist er Partner und Produktionsleiter bei RTID und hat sich in Charleston, South Carolina, niedergelassen.

2017 nahm Matt an der Schmiede-Weltmeisterschaft in Stia, Italien, teil, wo er eine Silbermedaille im Einzelwettbewerb und eine Goldmedaille im Team-Wettbewerb gewann.

J. POWERS SHEPARD (JP) absolvierte da
College of Charleston im Hauptfach Kunst mi
Schwerpunkt Skulptur und im Nebenfach Restau
rierung und Konservierung. Er hat in unterschiedl
chen Werkstätten gearbeitet, von Theaterproduk
tionen über Ferienranches und Fabriken bis hi
zu Schmiedewerkstätten. In den letzten Jahren